圖解孫子兵法

通覽古今爭戰實例，
解讀兵家智慧精髓。

臺灣戰略大師
王擎天博士◆編著

朕觀諸兵書，無出孫武。
——唐太宗李世民

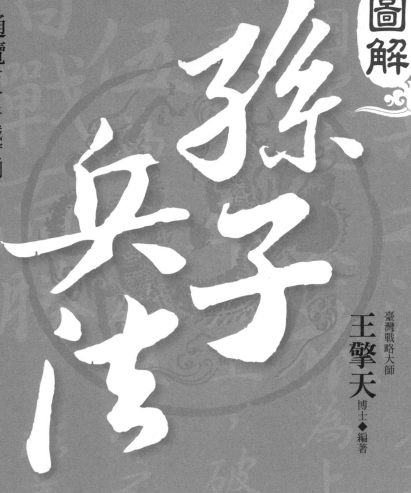

作者序／

縱橫的藝術

據說，在日本戰國前期，有一位被喻為「日本戰國關東第一謀將」的梟雄，名為北條早雲。就在北條早雲正為能否攻打相模國（約為現在的日本神奈川縣）而感到煩惱時，他偶然得知了《孫子兵法》篇首的名言——「兵者，國之大事，死生之地，存亡之道，不可不察也。」於是，他當即決斷越過箱根、進入小田原，並且奠定了北條早雲經營關八州的勢力基礎。

《孫子兵法》是由春秋末期的齊國人孫武所寫的，在這部鉅著中，孫子主要闡述的核心思想是：既然人類社會必定有鬥爭，那麼在這個大前提之下，人類該如何維持和平？即使發生爭鬥，又該如何避免因為使用武力，所導致的兩敗俱傷？在戰爭無法避免時，要如何盡力避免損害，從而取得勝利？

為此，孫子在書中明確地記述了戰略和戰術的確立、精密情報的收集、對形勢的正確判斷、合乎正規或出奇的部隊運作、萬無一失的後勤支援，以及運籌於千里之外的指揮能力等等，多個方面的必要性和重要性。使得這部《孫子兵法》，對現代軍事學產生了舉足輕重的影響。

頗具影響力的戰爭史學家、戰術學家，英國的利德爾・哈特先生（B. H. Liddell Hart，西元一八九五～西元一九七〇年），就是以這部《孫子兵法》為原典依據，研究布匿戰爭（西元前三世紀～西元前二世紀，羅馬和迦太基兩國，為爭奪地中海霸權而進行的一場戰爭）中的名將漢尼拔、大西庇阿的戰爭案例後，確立了「機動戰」、「裝甲戰」、「間接戰略」這些劃時代的戰略和戰術。

之後，因強大的軍事力量而聞名於世的以色列軍隊，也繼承了利德爾・哈特的戰略。他們長驅直入地侵入非洲烏干達，並成功地解救出被扣押的猶太人質，這場令眾人大吃一驚的「恩德培行動」（西元一九七六年，由以色列軍方和以色列特工部門策劃，在烏干達恩德培機場實施的反劫機行動），就是依據利德爾・哈特的機動戰，所取得的勝利成果。

孫子的種種教誨，即使時至今日，依然是極有運用價值的軍事知識寶庫。不過，由於《孫子兵法》的作者是來自於春秋時代，所以，讀者可能會對其哲學上的表述、難解的文言文，感到敬而遠之，從而錯失了一本軍事和文學的經典。是故，本書採用了如下方法，為讀者化繁為簡，輕鬆讀透《孫子兵法》。

首先，精選《孫子兵法》中的重要段落，讓讀者不必閱讀冗長的原文。各篇所選的孫子名言，也都在「孫子觀點」單元中，加以注釋白話。同時，為了加深對該項孫子理論的瞭解，再汲取大量古代、近代軍事案例，將書中的古老智慧做現代性的闡釋，再現其精髓。最特別的是，本書還製作了近百張與《孫子兵法》相關的圖解，凡是重要的原文段落，或繁雜的戰術、戰略，都以圖表再行分析、解釋。藉此呈現孫子對戰爭藝術出神入化的實際運用，也讓讀者得以用最快速、簡單的方式，透徹解讀《孫子兵法》中的兵家智慧。

由於本書在內容的精簡、評論等方面，還有許多值得研究和整理的空間。如果拙作能夠拋磚引玉，帶領喜愛《孫子兵法》的讀者們，進入這個巨大的寶庫之中，那便是我鑄成此書最大的報酬了。

是本信義

寫於中津市郊外寓所

編者序／

不戰而屈人之兵

二〇一七年四月，我的「新絲路視頻——歷史真相系列」正式開播，至今已獲得無數迴響，各界閱聽者都可以透過網路，不受時間與地域的限制收看節目。在歷史真相系列中，我已主講許多中國史的相關主題，希望能讓觀眾在片段的時間內，就能汲取有別於傳統主流的歷史思考觀點，以及富有知性與理性的內容。而在二〇一八年開始，我開啟了全新的〈說書〉系列，其中《孫子兵法》一書，將帶領讀者把兵法應用於商業、生活之中。讓眾多的閱聽者在飽覽歷史之後，更群覽古今中外經典，將歷史與經典相結合，理解古代的歷史、典籍並非只能用單純的縱向思維囊括，而是可以橫向連結到自身的文化、日常的生活等等。藉由《孫子兵法》，讓弱者能扭轉劣勢，克敵制勝；讓強者能活用謀略，不戰而屈人之兵。

《孫子兵法》被喻為是「世界第一兵書」，作者為春秋末年的齊國人孫武。全書共分為十三篇，脈絡清晰、結構嚴謹，歸納出戰爭的原理原則，是最有系統的軍事理論和實務應用。全文不過六千一百餘字，但舉凡戰前之準備、策略之運用、作戰之佈署、敵情之研判等，無不詳加說明，巨細靡遺，周延完備。此書不僅是一部不朽的軍事著作，在用字遣詞上也極富哲學性，更是一部不可多得的文學作品。在歐、美、日各國均有極為重要的影響力，並被陸續譯成英、日、法、義等多種文字，在世界軍事史上佔據關鍵地位。

綜合以上所提到《孫子兵法》的重要性，我決定在今年重新編撰日本兵學大家——是本信義先生所撰寫的《圖解孫子兵法》，為讀者開啟一條通往《孫子兵法》的新大門。是本信義先生在西元一九三六年，出生於日本福岡縣。西元一九五九年，畢業於防衛大學，加入海上自衛隊。在艦隊服務期間，歷任護衛艦艦長、護衛隊司令、艦隊司令部作戰幕僚、總監部防衛部長等職。也因為他豐富的軍事相關背景，所以在戰爭史、國際政治、管理、海事（航海技術）、武道與格鬥技巧等方面都有所研究。著有《君王論圖解》、《戰爭論圖解》、《羅馬帝國的末裔們》和《戰史之名言》等，是我非常推崇的日本兵學大家。

這次我重新編著是本信義先生的《圖解孫子兵法》，書中正如我在前段所述，我們不應該將歷史、典籍束之於高閣，而是應該運用於自身文化、日常生活之中，《孫子兵法》自然也該如此。在本書中，就有提到孫子說：「百戰百勝，非善之善者也；不戰而屈人之兵，善之善者也。」就一般大眾的理解，可能會認為「百戰百勝」應該是一件值得驕傲的事，孫子怎麼會覺得那是「非善之善者」呢？其實，「百戰百勝」顧名思義，即勝利一百次的前提為軍隊已經過一百場戰役。而每進行一次征戰，不論勝負，雙方都將受到很大的損傷，縱使取勝，也是一種「傻瓜的勝利」，是「勞多而功少」的勝利。所以，孫子才提醒我們應該「不戰而屈人之兵」，在耗費最少成本的情況下，運用外交、婚姻等種種手段，來為己方取得勝利。如果我們將這則名言應用於現代商業之中，就可以瞭解，迄今為止，一直在進行著企業商戰的公司們，應該放棄從前「百戰百勝」的思考模式，不再進行激烈的競爭或拘泥於行業框架，轉為進行更有效率的合併或合作，也就是孫子所說的「不戰而屈人之兵」。

如今，當我們被變化多端的世界所迷惑時，請記得拿出《孫子兵法》，細細聆聽來自千年前孫子的教誨，慢慢品味蘊含其中的無數深邃哲理。

王擎天
寫於臺北上林苑

目錄

目錄

目錄

目錄

目錄

第四章 統帥的能力

地形篇

九地篇

依地區索引

亞洲

依地區索引

美洲

欧洲

依地區索引

非洲

第一章

將領的戰略

●謀功篇　●軍行篇　●兵勢篇

謀攻篇

一、百戰百勝，非善之善者也

凡用兵之法，全國爲上，破國次之；全軍爲上，破軍次之；全旅爲上，破旅次之；全卒爲上，破卒次之；全伍爲上，破伍次之。是故百戰百勝，非善之善者也；不戰而屈人之兵，善之善者也。

孫子觀點

百戰百勝不是最好的取勝方法

如今，企業型態迅速變遷，企業界已進入變動混亂的時代。傳統由上而下的金字塔組織，已被網際網路的流動型組織所取代，內部的資訊傳達更為快速、方便。迄今為止，一直在進行著激烈企業商戰的公司，為了生存下去，也超越從前的競爭關係和行業框界，轉為進行合併或合作。面對這樣急遽的變化，如果我們仔細思考一下的話，可以看出不管是戰爭也好，企業間的商戰也好，這種敵方、夥伴之間，轟轟烈烈的戰鬥，都

孫子守則

百戰百勝，非善之善者也

不戰而勝才是上上之策

用兵之法

無傷亡而迫降敵國……上策

擊潰敵國使之降服……下策

無傷亡而迫降敵軍……上策

擊潰敵軍使之降服……下策

↓

百戰百勝並非上策

（損傷多）

↓

不戰而勝者最上

（效率高）

是常道。

但是，在很多場合中，這種正面攻擊的「常道」，不論勝負，各自都將受到很大的損傷。縱使取勝，也是一種「傻瓜的勝利」，是「勞多而功少」的勝利。孫子曾說的「百戰百勝，非善之善者也；不戰而屈人之兵，善之善者也」能流傳至今，便證明打仗並非取勝的最佳路徑。

哈布斯堡家族的巧妙婚姻政策

從古代到現代，世界上國家的興衰變化，常常是靠戰爭此種手段進行，這是不爭的事實。然而，也有的王族是盡力避免戰爭，以巧妙的手段來擴展自己的勢力，那就是被後世公認為歐洲最高貴門第的奧地利哈布斯堡家族❶（Habsburg）。

起初，哈布斯堡家族只不過是分別佔有瑞士、法國亞爾薩斯一部份領地的小諸侯。但是在西元一二七三年，神聖羅馬帝國皇位空缺二十年後，擁有實力的德意志諸侯（也被稱為「選帝侯」）群起擁戴哈布斯堡家族的勞德魯普一世當上了皇帝。

他們原以為推舉了弱小的勞德魯普，便可以隨心所欲地操縱他。然而，勞德魯普並不是選帝侯們所想像的那般軟弱之人。他降服了反對其即位的波希米亞國王奧特卡爾二世，並與其締結婚姻關係。在波希米亞王族的男系香火斷絕後，立刻兼併了波希米亞的土地。之後，哈布斯堡家族接二連三透過婚姻政策，使其勢力逐漸擴大。

西元一四七七年，計劃從法國獨立的布林戈涅公爵查理，在瑞士敗死後，奧地利公爵馬克西米連（後來的皇帝馬克西米連一世），便和查理的女兒瑪麗亞結婚，吞併了查理的遺產，包括領地荷蘭和法國亞爾薩斯。

其子菲利普，也和阿拉貢國王斐迪南與卡斯提爾女皇依莎貝拉生下的公主法尼婭結婚，繼承了雙親死後留下的遺產，包括西班牙、那不勒斯、西西里、撒丁和新大陸。

另外，西元一五二六年，匈牙利、波希米亞國王拉修二世在與鄂圖曼帝國的戰爭中敗死。此後，與其妹妹安娜結婚的皇弟斐迪南（後來的皇帝斐迪南一世），也繼承了匈牙利和波希米亞的王位。

當菲利普之子卡爾五世（西班牙國王卡爾路易斯一世）繼承家族時，哈布斯堡家族已經君臨德意志的東半部、匈牙利、波希米亞、西班牙、勃根地、荷蘭、南義大利、西西里、撒丁等，佔有約歐洲一半的領土，以及美洲新大陸等地，成為日不落大帝國。

據說，當時的人們談起利用婚姻政策而興旺發達的哈布斯堡家族時，都羨慕地說：「奧地利，你是何等幸福啊！你靠著維納斯（美的女神，也代表婚姻、政策），得到了瑪爾斯（軍神、戰神）辛辛苦苦才能得到的東西。」這就是孫子說的「不戰而屈人之兵，善之善者也」。

另外，信奉孫子這句名言的傑出戰略家利德爾·哈特，在研究了古今中外的戰爭史後，提出以不戰而降退敵人為基礎的「間接戰略論」❷（Indirect Approach），為後世的軍事戰術理論帶來極大的影響。

在太平洋戰爭期間，美軍對駐有強大日軍的島嶼，採取了迂迴的蛙跳式作戰（Leap Frog）、切斷海上運輸線、轟炸日本本土以破壞日軍續戰能力等戰術，全都是應用繼承孫子傳統的「間接戰略論」。

註解

❶ **哈布斯堡家族：**奧地利皇族，代代世襲神聖羅馬帝國的皇位，而後接續成為奧地利帝國、奧匈帝國的皇帝。直到十五世紀時的卡爾五世，是治世的全盛期，最終在第一次世界大戰後解體。女皇瑪麗亞·特蕾莎，及王妃瑪麗·安東妮，均極為知名。

❷ **間接戰略論：**為英國戰史學家、戰術家利德爾·哈特所提倡。主張避免勞多功少的正面攻擊，應透過擊潰敵方中樞或軍需供給線，不戰而迫使對手降服的戰略戰術。

哈布斯堡家族的婚姻政策

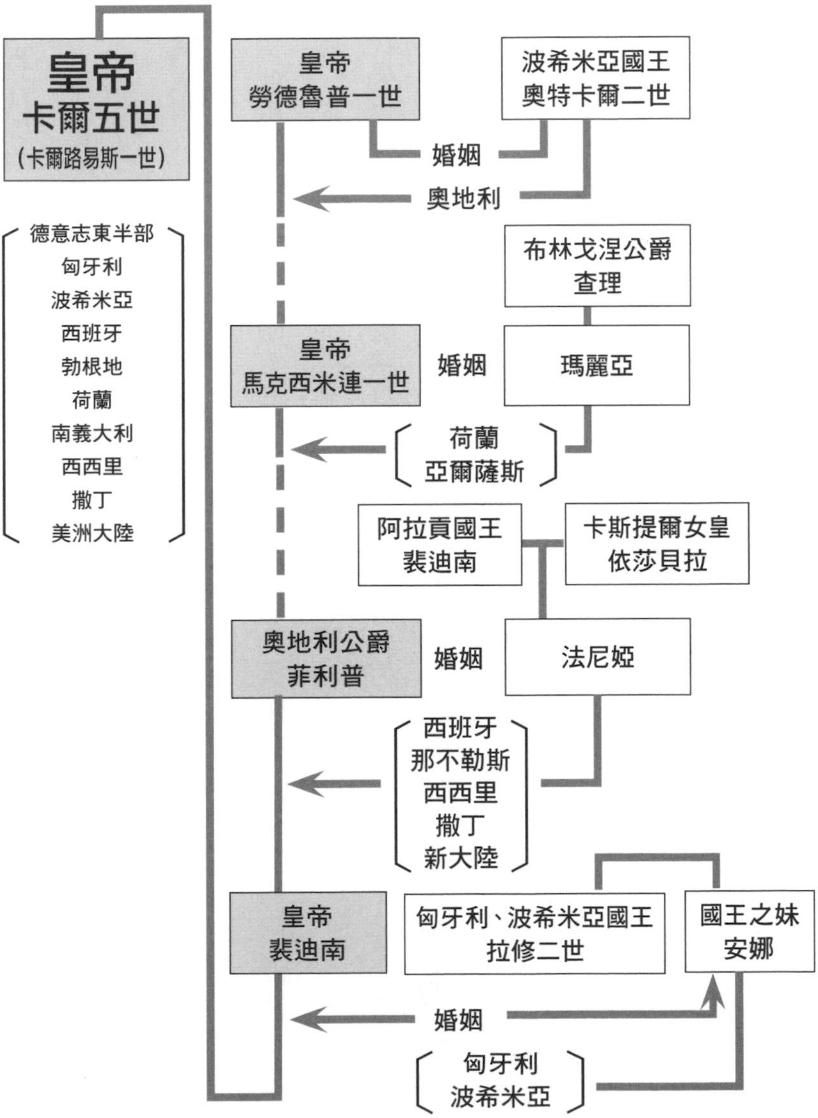
皇帝
卡爾五世
(卡爾路易斯一世)
德意志東半部
匈牙利
波希米亞
西班牙
勃根地
荷蘭
南義大利
西西里
撒丁
美洲大陸
皇帝
勞德魯普一世
波希米亞國王
奧特卡爾二世
婚姻
奧地利
布林戈涅公爵
查理
皇帝
馬克西米連一世
婚姻
瑪麗亞
荷蘭
亞爾薩斯
阿拉貢國王
裴迪南
卡斯提爾女皇
依莎貝拉
奧地利公爵
菲利普
婚姻
法尼婭
西班牙
那不勒斯
西西里
撒丁
新大陸
皇帝
裴迪南
匈牙利、波希米亞國王
拉修二世
國王之妹
安娜
婚姻
匈牙利
波希米亞

二、上兵伐謀

故上兵伐謀，其次伐交，其次伐兵，其下攻城，攻城之法，爲不得已。

孫子觀點

最優秀的戰法是以謀略克敵制勝

最上策的戰法是事先扼殺敵方的陰謀企圖，其次的策略是切斷敵方的同盟關係，使其手足均無法動彈。而攻打敵人的軍隊，以及攻城，實乃下下之策。

在近代的世界史上，能夠腳踏實地運用孫子此番教誨的典型人物，便是透過成功的外交政策，使歐洲保持均衡，創造被稱為「俾斯麥時代」的德意志宰相俾斯麥[1]（Otto Eduard Leopold von Bismarck）。

俾斯麥的外交要點

在普法戰爭中，俾斯麥降服了經常干涉德國問題的法國皇帝拿破崙三世，接著又促成建立德意志帝國。而後，他又持續努力封鎖法國，使之孤立。儘管此時的法國已一敗塗地，但依然是個強國，他們已經從皇帝被逮捕、肥沃的土地亞爾薩斯和洛林被割讓、

孫子守則

上兵伐謀

➔ 用兵的最高境界是用謀略戰勝敵人

遇到戰爭

上上策	以謀略克敵制勝
中上策	挫敗敵人的外交聯盟
中下策	擊敗敵人的軍隊
下　策	攻打敵人的城池

↓

無傷亡而迫降敵人

↓

無損失而保住全部利益

↓

不直接打仗而伐謀

支付五十億法郎鉅額款的陰影中走出來，正虎視眈眈地等待機會，準備捲土重來。

俾斯麥在西元一八七二年，率先掌握奧地利皇帝佛朗斯．約瑟夫一世、俄國皇帝亞歷山大二世訪問柏林的機會，與他們建立「三帝同盟」，成功地封鎖法國。這就是孫子所說的「伐謀」。

但是，俾斯麥的此一政策，因俄國人的南進策略而遭遇阻礙。

西元一八七八年俄土戰爭後，雙方簽訂了《聖斯特凡諾條約》，威脅到獨霸一方的土耳其王國。另外，由於俄國統治了巴爾幹半島和中近東的大部分地區，也使得俄國與在該地區擁有許多利益的英國產生矛盾，俄英之間的對立越發激烈。

俾斯麥以「公正仲裁人」的名義，邀請有關各國召開柏林會議，調解各方的利害關係。這次會議的結果是締結《柏林條約》，按照條約，俄國除了取得近東的若干領土以外，其餘均歸復現狀。俾斯麥的這一做法，等於是對同盟國俄國的一種背叛行為。

對此深感不滿的俄國人，決定疏遠德國，轉而迅速親近法國。在俄國與法國聯手之後，德國瞬間陷入腹背受敵的窘境。

在這次危機中，俾斯麥拉攏了當時控制著法國進出地中海的神經中樞——義大利，由德、奧、義祕密締結了攻守聯合的「三國聯盟」，與俄法對抗。西元一八八七年，俄國因阿富汗問題與英國產生對立，俾斯麥又說服俄國簽訂《再同盟祕密條約》，取得成功。後來，就在德國與法國、俄國、英國、奧地利開戰之際，使各方保持「善意中立」的條約，被稱為《再保障條約》或《雙重保障條約》，是俾斯麥在外交上的大成功。

於是，歐洲便進入被稱為「俾斯麥時代」的穩定、均衡時期，使得德國能安心整備國內體制和充實國力。

俾斯麥的外交特徵是「不樹無用之敵」。他把對立方限定於法國，而將其他國家作為己方夥伴，就算是交惡的敵人，也要使其保持中立。他的這種觀點，在現今的商界、人際交往、維持人事關係等方面，都具有充分的參考價值。

註解

❶ **俾斯麥：**普魯士王國首相，德意志帝國首任宰相，人稱「鐵血宰相」、「德國的建築師」、「德國的領航員」，奉行「鐵血政策」。受到普魯士國王威廉漢姆一世的信任，與參謀總長摩爾德克聯手，取得普奧戰爭、普法戰爭勝利，促成德意志帝國的建立，是推動德國發展的重大功臣。

俾斯麥巧妙的外交政策

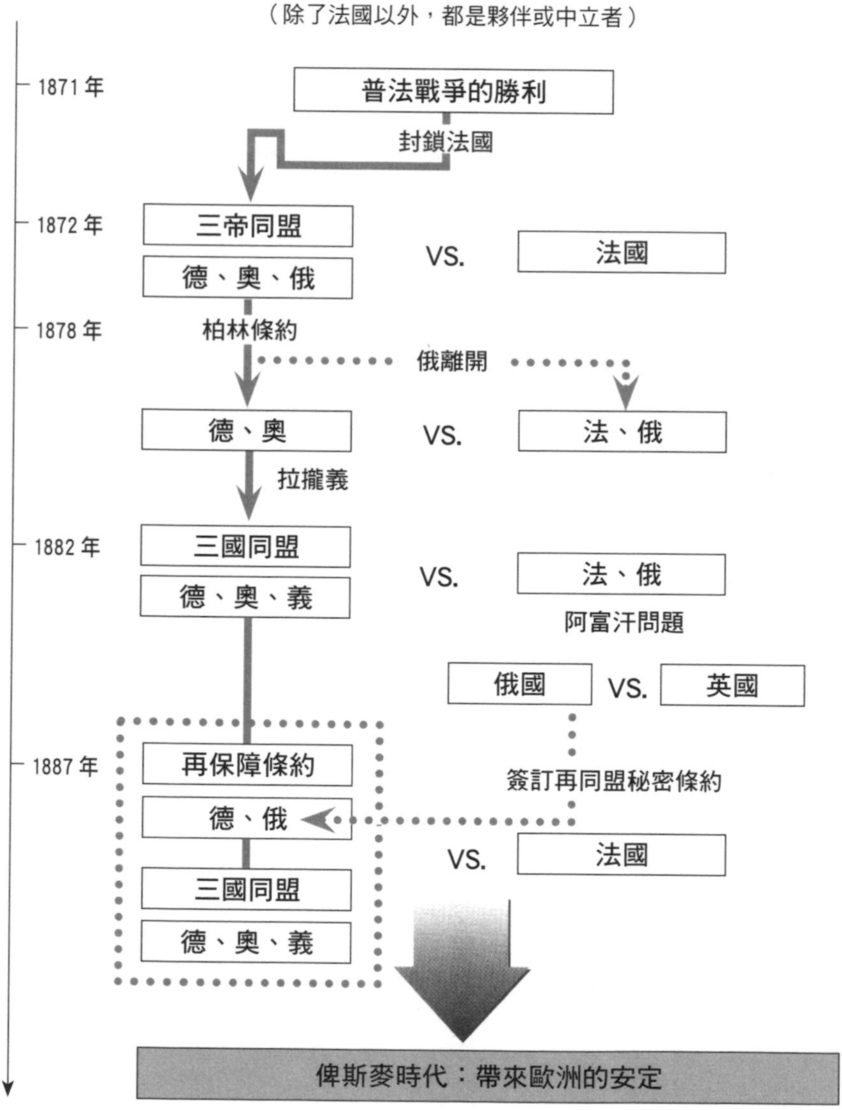
（除了法國以外，都是夥伴或中立者）
1871 年
普法戰爭的勝利
封鎖法國
1872 年
三帝同盟
德、奧、俄
VS.
法國
1878 年
柏林條約
俄離開
德、奧
VS.
法、俄
拉攏義
1882 年
三國同盟
德、奧、義
VS.
法、俄
阿富汗問題
俄國
VS.
英國
1887 年
再保障條約
德、俄
簽訂再同盟秘密條約
VS.
法國
三國同盟
德、奧、義
俾斯麥時代：帶來歐洲的安定

三、將者，國之輔也

夫將者，國之輔也，輔周則國必強，輔隙則國必弱。故君之所以患于軍者三：不知三軍之不可以進，而謂之進；不知三軍之不可以退，而謂之退，是謂縻軍。不知三軍之事，而同三軍之政，則軍士惑矣。不知三軍之權，而同三軍之任，則軍士疑矣。三軍既惑且疑，則諸侯之難至矣，是謂亂軍引勝。

孫子觀點——將軍是輔佐國家的官員

一個國家或一個企業，其組織的消長，完全取決於最高領導人和直接輔佐他的官員能否如同命運共同體一般，同甘共苦。若兩人的關係不好，便會如孫子所告誡的那樣，出現因一時誤判而下達錯誤指令的事件。這方面的典型事例，可以從德意志帝國的著名宰相俾斯麥，與皇帝威廉漢姆一世❶，及其孫子威廉漢姆二世❷的關係談起。

威廉漢姆一世和俾斯麥牢不可破的君臣關係

普魯士國王威廉漢姆一世，是第一代德意志帝國的皇帝，信賴並任用宰相俾斯麥、

孫子守則

將者，國之輔也

→ 領導者和將領之間的關係，決定國家的興衰

將軍是君王的輔佐官

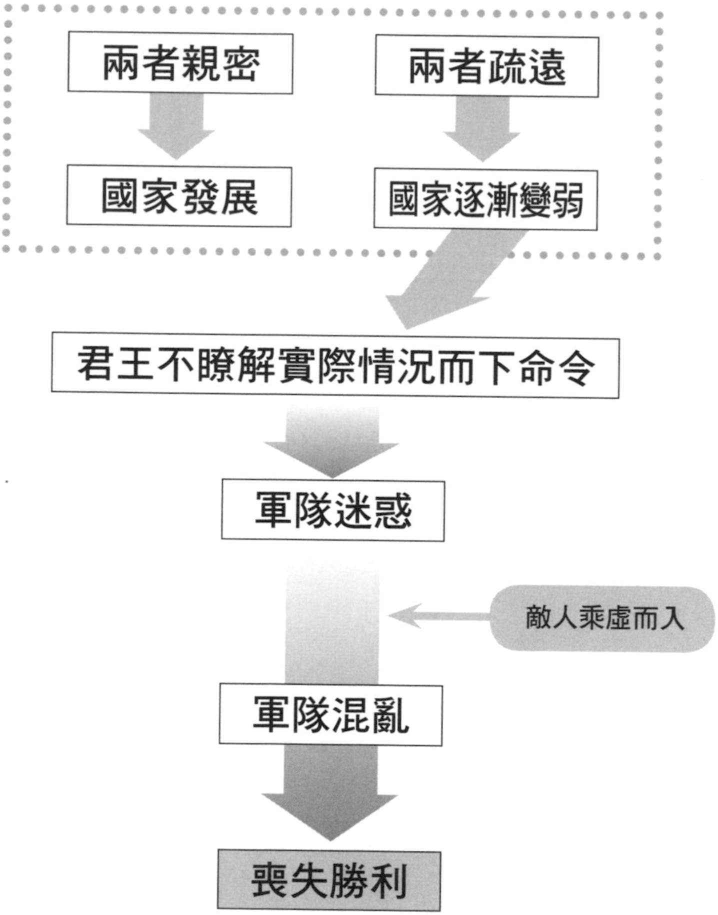

參謀總長摩爾德克。在普奧戰爭、普法戰爭後，威廉漢姆一世被德意志諸王候擁戴，建立德意志帝國，登上第一代皇帝寶座。

十九世紀中期，威廉漢姆一世認為，好不容易統一且國運高漲的德國，遲早要和奧地利、法國開戰。但是，他為此而提出的軍備擴張計劃，因議會的反對而遭遇困難。於是，他召回駐法公使俾斯麥，任命其為首相，期望他能另展新局。

西元一八六二年九月三十日，俾斯麥在國會上暢談目前普魯士遇到的困難，並駁斥軍備擴張計劃與憲法相抵觸的指責。他斷言：「國難之際，墨守憲法乃是本末倒置。」並肯定地說：「現今的大問題，不是靠言論和多數決所能決定的，只能靠鐵與血啊！」在那之後，他凍結議會長達四年之久，下定決心擴張軍備。由於此次演說，俾斯麥也被稱為「鐵血宰相」，並稱呼他的政策為「鐵血政策」。

俾斯麥之所以能夠如此活躍，除了他實行前述「上兵伐謀」中所提到的策略之外，他能夠如此自由地發揮其天才的外交手腕，還應歸功於認同他的能力並且充分信賴他的「伯樂」，即具有寬闊胸懷的皇帝威廉漢姆一世。

不幸的是，西元一八八七年，威廉漢姆一世於九十一歲時去世。在經過兒子腓特烈三世的短暫治世後，其孫威廉漢姆二世登基繼位，俾斯麥的命運自此產生極大的變化。

聰明、霸氣、富於行動力、有強烈自我表現欲的威廉漢姆二世，認為一手掌握著內政、外交的俾斯麥是個絆腳石，妨害自己無法施展。西元一八九〇年，兩者的關係終於降至冰點。俾斯麥在擔憂德國前途的同時，退出了政治舞臺，在隱退後，他依然熱心地向領導人和國民們評說德國應走的道路。西元一八九八年七月三十日，他終於走完自己偉大的人生之路，死後葬於其領地薩克森。俾斯麥的墓碑上僅簡素地刻著一行銘文：「俾斯麥──皇帝威廉漢姆一世的忠實奴僕。」這句著名的銘文，道盡了俾斯麥和威廉漢姆一世之間，充滿信任感的親密君臣關係。

另一方面，趕走俾斯麥之後的威廉漢姆二世，摒棄了凝聚著俾斯麥精神的協調外交政策，反而積極推行「海外政策」。但是，這個政策讓已經在世界各地擁有既得利益的英、法兩國，發出強烈的不滿。再者，威廉漢姆二世為了聲援奧地利，所提出的「泛日耳曼主義」，與俄國、塞爾維亞提出的「泛斯拉夫主義」，在有「歐洲火藥庫」之稱的巴爾幹半島，發生了激烈衝突。最終，引發第一次世界大戰，其結果是德意志、奧地利敗北，造成兩個帝國紛紛瓦解。

成功地運用並發揮俾斯麥才能，從而實現德意志統一的是威廉漢姆一世。相反的，敵視其才能而加以斥退，將德意志帝國引向滅亡之路的是其孫威廉漢姆二世。這個體現了孫子輔周、輔隙教誨，兩人完全不同的處世之法，對於現今的領導層、管理者們來說，也有很大的參考價值。

註解

❶ **威廉漢姆一世：**全名威廉・腓特烈・路德維希。普魯士國王，西元一八七一年一月十八日就任德意志帝國第一任皇帝。死後，因其統一德意志的偉大成就，被其孫威廉漢姆二世尊為大帝，號稱「威廉大帝」。

❷ **威廉漢姆二世：**全名弗里德里希・威廉・維克托・艾伯特・馮・普魯士。末代德意志皇帝和普魯士國王，西元一八八八年—西元一九一八年在位。

俾斯麥和威廉漢姆一世、二世的關係

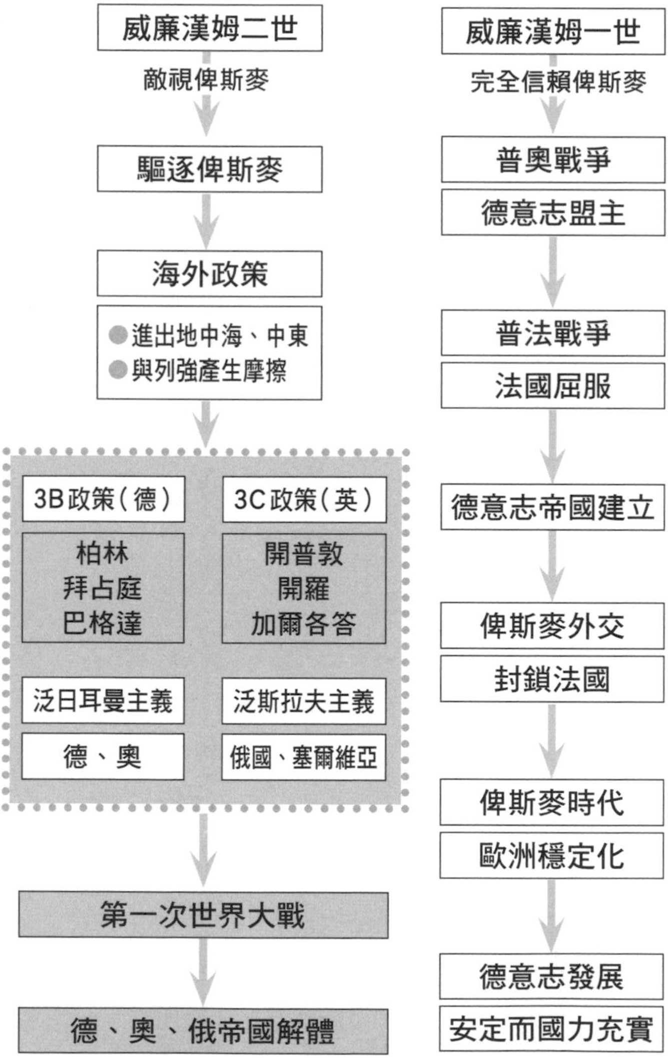
威廉漢姆二世
敵視俾斯麥
驅逐俾斯麥
海外政策
●進出地中海、中東
●與列強產生摩擦
3B政策（德）
柏林
拜占庭
巴格達
3C政策（英）
開普敦
開羅
加爾各答
泛日耳曼主義
德、奧
泛斯拉夫主義
俄國、塞爾維亞
第一次世界大戰
德、奧、俄帝國解體
威廉漢姆一世
完全信賴俾斯麥
普奧戰爭
德意志盟主
普法戰爭
法國屈服
德意志帝國建立
俾斯麥外交
封鎖法國
俾斯麥時代
歐洲穩定化
德意志發展
安定而國力充實

四、知彼知己，百戰不殆

故知勝者有五：知可以戰與不可以戰者勝，識眾寡之用者勝，上下同欲者勝，以虞待不虞者勝，將能而君不御者勝。此五者，知勝之道也。故曰：知彼知己，百戰不殆；不知彼而知己，一勝一負；不知彼不知己，每戰必敗。

孫子觀點

只要對敵人和自己都有充分的瞭解，縱使經歷百戰也不會失敗

對於情報戰而言，孫子的「知彼知己，百戰不殆」，是非常著名且實用的。不過，孫子在此處所指的意思，並非只是單純地蒐集情報，而是要將所獲得有關敵方的情報，按前文所述的五項加以分析、檢討，將分析結果與己方情況進行核對。也就是說，孫子強調進行形勢判斷，以此為基礎制定作戰計劃的重要性。

要全面評述「知彼知己」的雙方優劣，可以列舉作為太平洋戰爭轉捩點的「中途島海戰❶」中，中、日、美三方海軍進行的情報戰為例。

孫子守則

知彼知己，百戰不殆

→ 如果瞭解敵人和自己，那就不會失敗

勝利的五個條件

① 判斷正確的出戰時機
② 按照軍隊的規模來決定用法
③ 上下一致團結
④ 詳盡的準備
⑤ 將帥有指揮用兵的才能

	對情況的瞭解		結果
	彼方（敵人）	己方（盟友、夥伴）	
1	○	○	百戰百勝
2	×	○	一勝一敗
3	×	×	全敗

忽略情報戰、反情報戰的日本海軍

西元一九四二年四月，日本聯合艦隊司令長官山本五十六大將，不顧海軍最高決策機關軍命部的強烈反對，下定決心進行「中途島進攻戰ＭＩ作戰」。瞄準的目標是擊毀美軍航空母艦，他企圖佯攻中途島，把在「杜立德空襲❷」中十分猖獗的美軍機動部隊引誘出來，一舉消滅。與此相反的是，美軍尼米茲大將率領的太平洋艦隊司令部，從日本海軍的頻繁活動中，察覺到日本聯合艦隊正在準備一場大規模作戰，透過破譯日本海軍的密碼電報，他們掌握了此次作戰的相關情報內容。

日本海軍的戰略常用密碼通稱為「Ｄ密碼」，它是將電文所使用的三萬三千三百個單詞，分別置換成五位元數位，再加入由五萬個單詞所構成的五位元亂數，改換成密碼文字而組成的。日本海軍對這種「Ｄ密碼」的保密度抱有強烈的自信，確信它絕不會被破譯。但是，密碼終究是由人設計的，只要瞭解它的特徵，掌握所需要的電報份數，透過統計處理，還是有可能破譯的。

美軍一方透過調動多達一百二十名成員的密碼破譯組，活用美國國際商業機械公司（IBM）的電子計算器，於五月下旬，終於掌握了日軍進攻的日期、部隊的編制、作戰要求等重要機密，內容幾乎和日方艦長所知道的程度相當。之後，福雷查、史普魯恩斯兩位少將便分別率領兩支航母機動部隊，迎擊日軍。

那麼，日本海軍一方是如何進行情報戰的呢？

情報戰可以分為兩種，第一是將對方的情報收集到手的情報戰，第二則是故意讓己方的情報被對方收集的反情報戰。

從戰後的結果來看，日本海軍的兩種情報戰都很失敗。進攻中途島的日本航空母艦機動部隊指揮官、第一航空艦隊司令長官南雲忠一中將，在這次海戰即將開始之前，透過電報通報了七項「狀況判斷」。其中的第一項是「敵方缺乏鬥志，如我方進攻作戰將有進展」；第四項是「敵方未察覺我方企圖，我認為至少在五號早晨前，我方不會被敵方察知」；第五項是「估計敵方航空母艦不會在中途島附近海面活動」；第六項是「如果敵方機動部隊反擊，也可以將其殲滅」，充分表示日本對敵方情況完全不明。美方此時一心想報珍珠港之仇，著名將領尼米茲手下的勇將福雷查少將，與智將史普魯恩斯少將的兩支機動部隊，正摩拳擦掌、滿懷鬥志地等待開戰。

再者，日方在反情報方面也完全缺乏嚴密佈署。例如，進攻部隊的某部指揮官居然使用普通電報進行聯絡：「〇月〇日以後的郵件由中途島轉送。」甚至在黃昏時分，軍隊要出擊時，就連當地咖啡店內的婦女都知道「下一個據點是中途島」。這已然成為公開的祕密，可見保密工作多麼鬆懈。

在這之前，日本進攻珍珠港，部隊集結在擇捉島的單冠港時，軍隊就始終嚴守祕密，直到出發前，除了艦長以上的各級指揮官、主要幕僚外，其他人對部隊的去向一概不知。總之，自攻打珍珠港以來，日本部隊所向披靡，連戰連勝。在第一階段作戰結束時，這種自信變成了驕傲，進而使得日本軍隊忽視了情報工作。

結果，本來打算偷襲進攻的日本，反而遭到守株待兔的美國航空母艦機動部隊奇襲，蒙受巨大損失：

一、航空母艦「赤誠號」、「加賀號」、「飛龍號」、「蒼龍號」、以及重型巡洋艦「三隈號」被擊沉。

二、喪失飛機約三百三十架。

三、約一百名經驗豐富的飛行員戰死。

在此次戰役中，孤注一擲的山本大將本來的企圖完全落空，從此，日軍在太平洋海上作戰的攻防區域發生了變化。可以說這是一個如實展現出「知彼知己」，和「不知彼不知己」兩者差別的典型事例。

註解

❶ **中途島海戰：**日、美航空母艦機動部隊在太平洋上的中途島，所展開的激烈海戰，是太平洋戰爭的轉捩點。美軍憑藉此場戰役的勝利，扭轉開戰以來的被動局勢，並恢復美、日兩國在西太平洋的海權均勢。日本海軍則失去開戰以來的戰略主導權，隨後於西南太平洋與盟軍陷入消耗戰，在戰爭中逐漸走下坡。

❷ **杜立德空襲：**也常被稱呼為「空襲東京」，是美國於第二次世界大戰期間，西元一九四二年四月十八日時，向日本本土進行的首次空中轟炸攻擊任務，以作為對日軍突襲珍珠港的報復。由於這個任務是由戰前曾是著名飛行員的吉米·杜立德中校一手策劃，所以又稱為「杜立德空襲」。

以情報戰決定勝負的中途島海戰

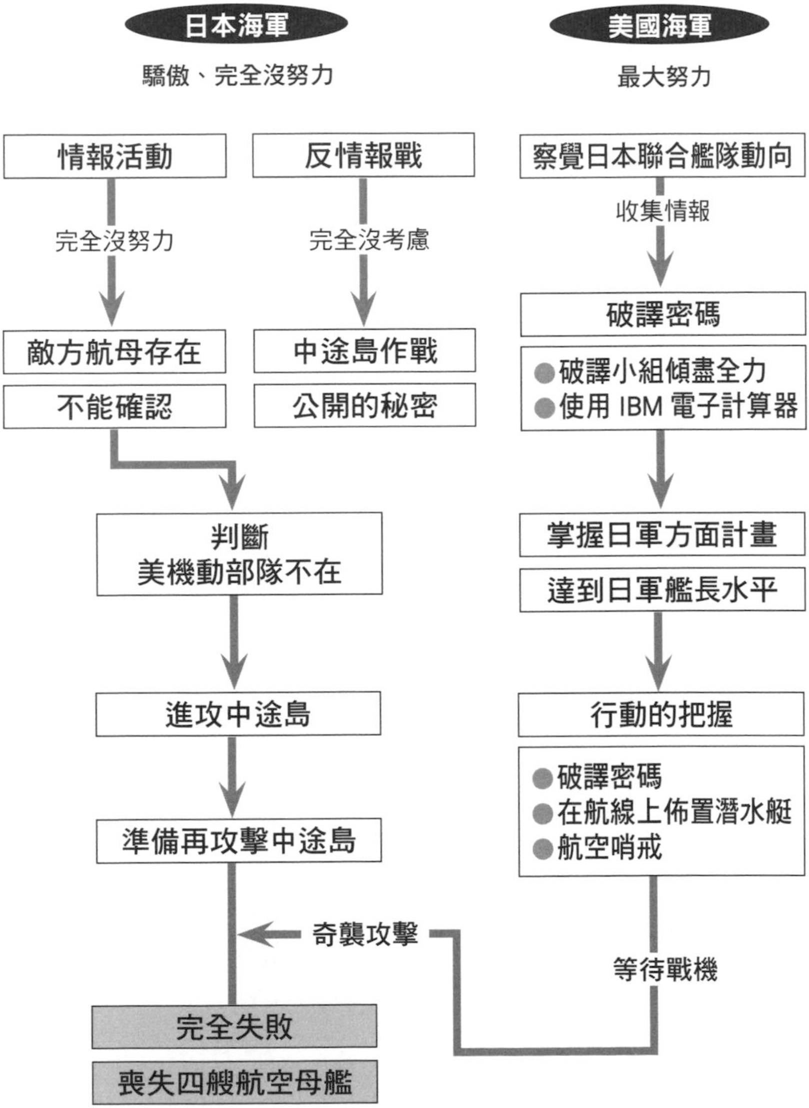
日本海軍
驕傲、完全沒努力
情報活動
完全沒努力
敵方航母存在
不能確認
反情報戰
完全沒考慮
中途島作戰
公開的秘密
判斷
美機動部隊不在
進攻中途島
準備再攻擊中途島
奇襲攻擊
完全失敗
喪失四艘航空母艦
美國海軍
最大努力
察覺日本聯合艦隊動向
收集情報
破譯密碼
●破譯小組傾盡全力
●使用 IBM 電子計算器
掌握日軍方面計畫
達到日軍艦長水平
行動的把握
●破譯密碼
●在航線上佈置潛水艇
●航空哨戒
等待戰機

軍形篇

一、先為不可勝

昔之善戰者，先爲不可勝，以待敵之可勝，不可勝在己，可勝在敵。故善戰者，能爲不可勝，不能使敵之可勝。故曰：勝可知，而不可爲。不可勝者，守也；可勝者，攻也。

孫子觀點——必須先有不打敗仗的萬全準備

在戰爭中，防守是由自己一方所進行的事務，可以完全掌握。但是，要戰勝敵人，還是取決於對手的強弱，絕非是己方一廂情願，想勝便能勝。因此，孫子教導我們：「自古以來，善於用兵之人，總是先鞏固如鐵壁般的防守，在不打敗仗的基礎上等待敵方露出弱點、破綻，當時機來臨，再出擊取勝。」最能說明此一教誨的是，蘇德戰爭的最高潮——庫斯克（Kursk，莫斯科南方，史達林格勒的西北方）會戰❶。

孫子守則

先為不可勝

➔ 必須有不打敗仗的準備

勝利的模式

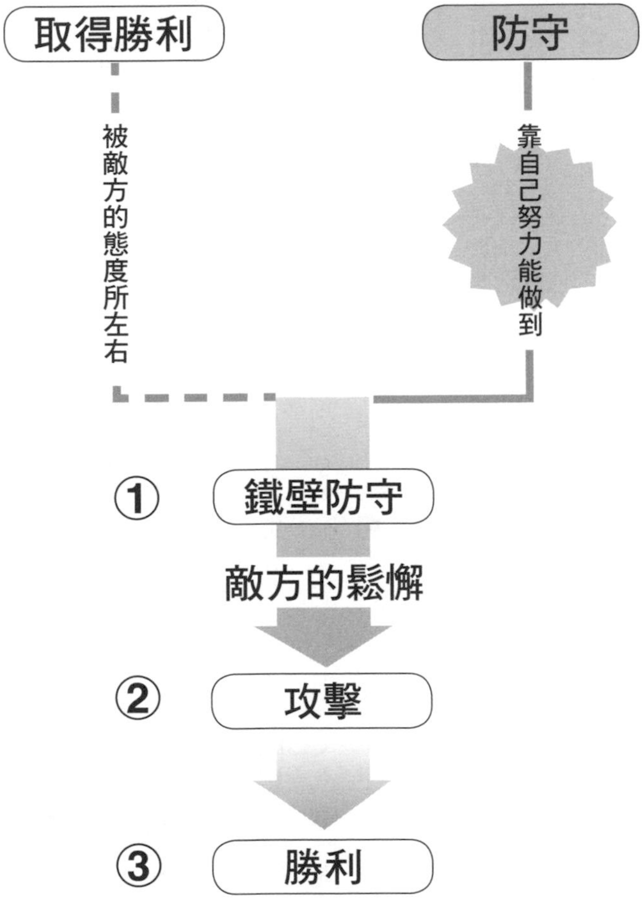

希特勒把「先為不可勝」的機會讓給了蘇聯

西元一九四三年一月，蘇聯軍在取得史達林格勒戰役的勝利後，緊緊追擊敗退的德軍。但是，由於德軍最高指揮馮．曼施坦因元帥實施了巧妙的撤退戰略，且蘇聯軍的供給線也無法再持續延伸。所以，在春天時，蘇聯於烏克蘭的東端，陷入了進退兩難的境地。德軍總統希特勒想南北夾擊，一舉擊潰蘇聯軍隊，挽回東部戰線的不利局面，所以，他策劃並實施了被稱為世界最大坦克戰的「圖塔第爾行動」。

這個計劃本身非常完美，但希特勒犯的最大的錯誤便是發動戰役的時機太晚。他本來希望這項計劃更完美無瑕，因此，為了能湊足德製五號「豹式」坦克、六號「虎式」坦克的數量，以對抗蘇軍性能優越的 T-34 型中型坦克❷，希特勒耗費了三個多月的時間。這就提供了蘇聯充分準備的時間。

在這裡，蘇軍所採用的戰法，與本節談到的孫子教誨完全相同。蘇軍將德軍引進有縱深性的堅固防禦陣地，以消耗德軍的戰鬥力，再進行反擊，致德軍於死地。作為防禦部隊將領的瓦圖京將軍，在中央兩個集團軍的最前線佈署了反坦克壕溝、各種防衛器材、大量反坦克地雷組成的阻防線。接下來，又分別設置了兩條由反坦克炮武器，以及能有效進行反坦克戰鬥的大量反坦克據點所構成的防禦線。隨後，又佈署了以多達兩萬五千門火炮所構成的火力線，最密集的地區，平均一公里內配備了二百九十門火炮。在其後方，便是作為機動打擊部隊的史蒂夫部隊。另外，還配備了多架具有強大反坦克攻擊力的伊柳辛型 IL-2 地上攻擊機，進行直接支援，形成有如刺蝟般的鐵壁防禦態勢。

德國方面，有從北而來，由號稱「剃刀」的克爾格元帥所率領的中央軍集團，還有從南而來，由名將曼施坦因元帥所率領的南方軍集團。而直接夾擊、包圍蘇軍機動打擊部隊的，分別是猛將摩第爾上將所率領的第九軍，以及勇將霍特上將所率領的第四裝甲軍。雙方全都出動了大約一百萬兵力、三千輛坦克，稱得上是世紀大戰。

七月五日，德軍在空軍支援下，從南北一起發動進攻。但是，早已事先準備的蘇軍，憑靠前述的刺蝟式堅固防守，展開防禦戰。尤其是東南一側伏羅希洛夫的德國近衛裝甲軍團，和蘇聯第五近衛坦克軍的戰鬥，更是壯絕。直到今日，仍在戰史記錄中佔有重要一頁。德軍方面出動的五號「豹式」坦克、六號「虎式」坦克，和蘇軍方面出動的 T-34 中型坦克、JS-2 型坦克等新式坦克，雙方共出動了一千五百輛坦克。為此，還出動了反坦克攻擊機、步兵、炮兵，形成一場激烈的大混戰，被後人稱為「世界最大坦克戰」。

戰況一開始以德軍方面佔有優勢，但無論德軍如何努力，都未能突破蘇軍的陣地。

在激烈的你攻我防時，美英聯軍突然在義大利的西西里島登陸，導致形勢陡變。對這一消息甚感驚愕的希特勒，於十三日下令停止作戰，將戰鬥力最強的禁衛軍裝甲軍團調往西西里島，德軍就此錯失了捲土重來的最後戰機。

在這次大戰中，敗陣的德軍儘管有著名的曼施坦因元帥作為統帥，但他也無力回天。而後，蘇軍追擊敗退而去的德軍，直指柏林，展開一連串的進攻。希特勒雖然做出了重大決斷，但卻行動遲疑，缺乏「拙速」而錯失戰機，把「先為不可勝」的機會讓給了蘇聯，最後吃下敗仗。

註解

❶ **庫斯克會戰：**戰爭史上最大的坦克戰。乘史達林格勒戰役勝利的餘威而進擊的蘇軍，與打算阻止和擊潰蘇軍、一舉挽回敗局的德軍，在烏克蘭東端發生激烈戰鬥。由於希特勒隨意指揮作戰，導致德軍錯失戰機，最終失敗。

❷ **T-34型中型坦克：**蘇軍主力戰車，重量二十八噸、高速、重裝甲，並裝有強大的火炮。因其堅固且結構簡單而被大量生產，壓倒德軍裝甲部隊。與美國的Ｍ４坦克並列，被認為是第二次世界大戰中的傑作坦克。

蘇聯鐵壁堅守的庫斯克會戰

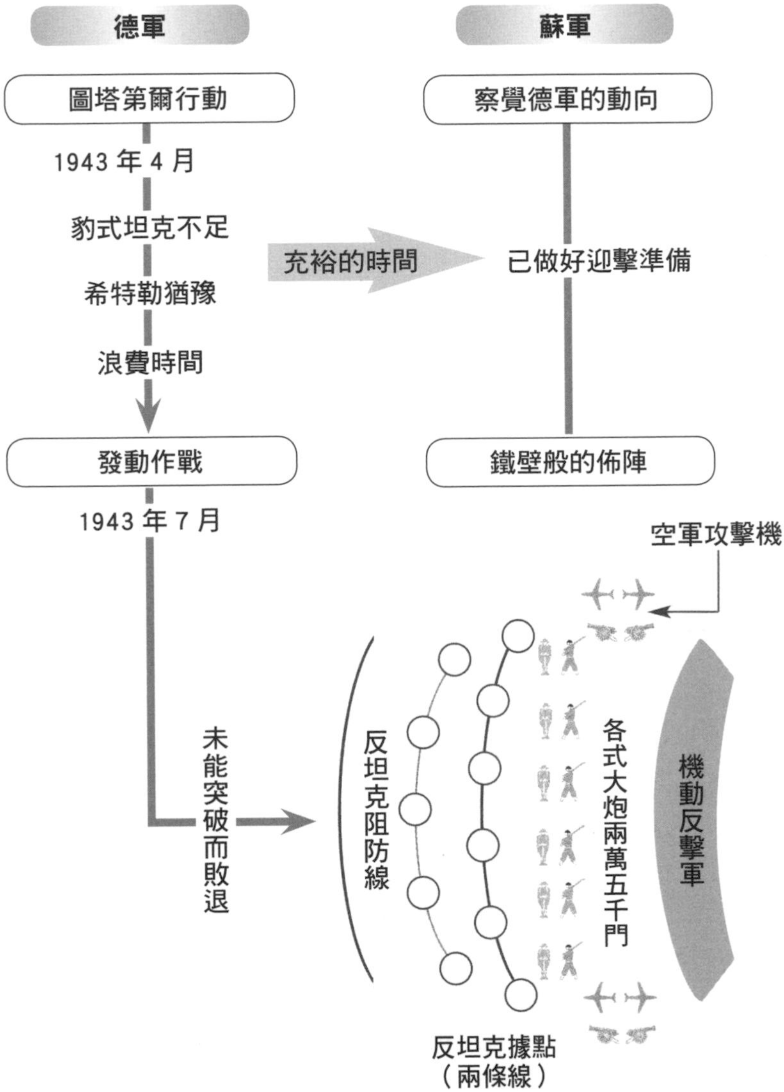
德軍
蘇軍
圖塔第爾行動
察覺德軍的動向
1943 年 4 月
豹式坦克不足
充裕的時間
已做好迎擊準備
希特勒猶豫
浪費時間
發動作戰
鐵壁般的佈陣
1943 年 7 月
空軍攻擊機
未能突破而敗退
反坦克阻防線
各式大炮兩萬五千門
機動反擊軍
反坦克據點
（兩條線）

二、古之善戰者，勝于易勝者

古之善戰者，勝于易勝者。故善戰者之勝也，無智名，無勇功。故其戰勝不忒，不忒者，其所措必勝，勝已敗者也。故善戰者，立于不敗之地，而不失敵之敗也。是故勝兵先勝，而後求戰；敗兵先戰，而後求勝。

孫子觀點

善於作戰者，總能抓住易勝的機會取勝

打仗的能手，總是能掌握容易得勝的機會，輕易戰勝敵人。孫子教導我們，這是「尚未戰勝，就已讓敵人敗陣」的勝機之術。因為絕對不能輸，將自己立於不敗之地，所以，便不能放過敵人體制崩潰而衰敗的攻打良機。確實地躬行孫子教誨的實例，可以用織田信長討滅武田氏的歷程來說明。

織田信長不將武田家族致於死地的原因

在「天下布武」的旗幟之下，有一個以統一天下為目標的戰國大名，那就是織田信長❶。他有一個天敵，就是甲斐國的「猛虎」——武田信玄❷。在信長眼中，信玄是非

孫子守則

古之善戰者，勝于易勝者

→ 不可勉強行動，必須等待取勝的時機

勝利哲學的原則

勝於易勝

↓

不敗體制

↓ 等待

敵方的體制崩壞

事實上已敗北

↓

輕鬆取勝

常可怕的，因為他覺得信玄通曉政治、外交、軍事，且高深莫測，又有極深的城府。信長一直覺得信玄有一種可怕的魔力，一旦陷入就無法逃脫。

永祿八年（西元一五六五年）織田信長請乞武田信玄，希望將自己的侄女作為養女，嫁給信玄的嗣子武田勝賴，以結同盟。兩年後，這位女子死去。這次，信長又要求訂下婚約，讓自己的嫡子信忠與信玄的五歲么女松姫共結秦晉之好，以維持友好關係。但這個「織田武田同盟」，後來由於武田信玄對織田信長搶先控制上洛、畿內一事反感，而變得岌岌可危。終於，因信玄的西行與「三方原之戰」，使得雙方決裂，織田、德川和武田之間，形成尖銳的對立。而就在此時，信玄死去。

織田信長在天正三年（西元一五七五年）的「長篠之戰」中，傾注全力使用大炮，徹底擊潰由武田信玄的嗣子勝賴所率領，號稱當時日本最強大的武田騎兵軍團。

在這次戰役中，武田家損失勇將、猛卒大半，從此一落千丈，淪為三流勢力。儘管如此，織田信長依舊沒有乘此有利戰機，將武田家族致於死地。這是因為武田家族雖然遭受慘敗，但仍保有實力。如果持續窮追猛打的話，恐怕會令對手狗急跳牆，拼死還擊。另外，信長自己周圍的形勢也危機重重，諸如北陸道的上杉謙信南侵，與山陽、山陰道的毛利氏戰爭，還有與石山本願寺的戰爭等等，都不能大意。因此，他也沒有餘力一味地盯住武田氏。

另一方面，武田勝賴也藉著起用年輕武將等手段，努力重建軍團。同時，勝賴還迎娶關八州之雄北條氏政的妹妹為正室，締結「北條武田同盟」，努力積蓄戰鬥力，準備捲土重來。然而，最終還是因為武田勝賴的失策，使得武田家陷入上杉家的繼承權爭鬥之中。

織田信長不戰而勝武田軍

天正六年（西元一五七八年）三月，「北越之虎」上杉謙信在臨近與織田信長的全面決戰之前，突然死去。一生不近女色、沒有親生兒子的謙信，只收養了四個養子。其中一個是外甥喜平次景勝；另一個是北條氏政的么弟北條氏秀，後改名為三郎景虎。不久之後，這兩位養子便為了爭奪繼承權，而發生「御館之亂」。內亂開始後，北條氏政、武田勝賴便各自從景虎的胞兄、義兄立場出發，介入內政。

此時，平次景勝一方採取了一項祕策。景勝以割讓東上野和信州川中島四郡給勝賴、贈與其黃金二萬兩、將勝賴之妹菊姬迎娶為正室、投靠到勝賴旗下這樣的條件，暗自與勝賴結為同盟。被義兄出賣的景虎，最終敗死。而得知胞弟被義弟勝賴害死的氏政，立刻撕毀同盟，轉為武田勝賴的敵方。於是，勝賴就在不知不覺間，犯下了致命的愚蠢錯誤，他將織田信長、德川家康、北條氏政三強，全都樹立為敵人。

不久之後，織田信長認為討滅勝賴的時機終於到來了。

天正九年（西元一五八一年）十二月，勝賴放棄了在甲府躑躅崎的館驛，搬到了剛剛蓋好的新府之城。他的父親武田信玄曾說：「人是城池，人是石垣，人是護城河。有情則為友，有仇即為敵。」但此時的勝賴已經什麼都不剩了，信長知道這是他喪失自信的表現，也使信長更加堅定討滅武田氏的決心。

但是，信長依舊小心翼翼，他決定先離間武田氏的內部關係。他以親戚兄弟的關係，拉攏身為一族的重要人物，且對勝賴抱有極大不滿的姐夫——駿河江尻的守城官穴山梅雪，還有妹夫——木曾福島的守城官木曾義昌，讓他們倒戈反叛。同盟破裂、主帥喪失自信、內部崩壞，這便是孫子所講的「勝兵先勝，而後求戰」。

天正十年（西元一五八二年）二月，織田信長終於發動了討滅武田家的進攻戰。主攻的是以木曾義昌為先導、信忠為主將的信濃門，以及穴山梅雪為先攻的家康駿河門、氏政的伊豆門，還有作為助攻的木曾門、飛彈軍。

而武田家顯然已無力抵抗來自五方軍隊的同時攻擊了。

武田一族的重臣們，或投降，或逃散，勝賴也在燒掉新府城後撤退。但在撤退中，重臣小山田信茂卻反叛，武田勝賴和僅有的幾名近臣只好在天目山自殺身亡。

自永祿八年（西元一五六五年）締結「織田武田同盟」以來，經過了十七年；自「長篠之戰」以來，經過了七年。信長一直耐心地等待武田家的自毀，最後，終於如孫子的教導，不戰而勝。

註解

❶ **織田信長：**活躍於日本戰國時代至安土桃山時代的戰國大名，於西元一五六八年—西元一五八二年，作為掌握日本政治局勢的領導人，推翻名義上管治日本逾兩百年的足利幕府，使持續百年以上的亂世步向終結。在日本歷史上，與豐臣秀吉、德川家康並稱「戰國三英傑」。

❷ **武田信玄：**日本戰國時代的大名，為清和源氏源義光的後代。人稱「甲斐之虎」，與「越後之龍」上杉謙信、「相模之獅」北條氏康齊名，在日本戰國史上頗具影響力。所舉「風林火山」（其疾如風，其徐如林，侵掠如火，不動如山）之軍旗，就是語出《孫子兵法》。

織田信長的反武田策略

信長

信玄可怕

等待時機

織田武田同盟

三方原之戰

同盟破裂

信玄之死

勝賴繼承

長篠之戰

武田大戰

武田的自毀

- 北條武田同盟瓦解
- 新府之城建城
- 全族重臣的反叛

好不容易下定決心

討滅武田氏

隱忍自重十年

觀察動向七年

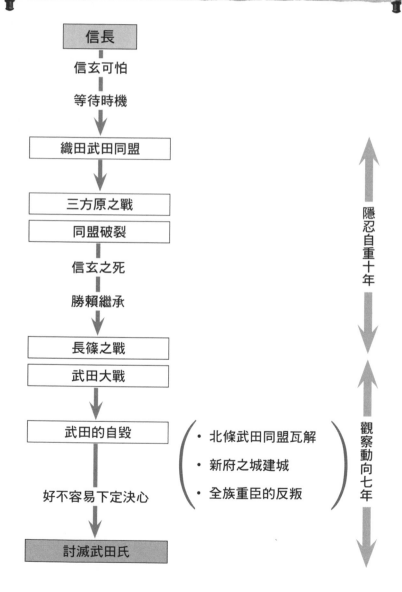

兵勢篇

一、治眾如治寡

凡治眾如治寡，分數是也；鬥眾如鬥寡，形名是也。三軍之眾，可使必受敵而無敗者，奇正是也。兵之所加，如以碫投卵者，虛實是也。

孫子觀點

如果能成功的編組，那麼就可以像管理少數人那樣管理多數人了

在戰爭之際，能使浩浩蕩蕩的大軍像少數人一樣，一絲不亂地行動而取得勝利，首要一點就是不可缺少的部隊編組。同時，還必須具有帶領隊伍前進、後退的指揮能力，以及隨機應變，分別採用正攻法或奇策的戰術、戰法。而所謂「以石擊卵」般戰勝容易打擊敵人的戰略，指的就是以足夠數量的軍隊攻擊盡是破綻的敵人，也就是孫子所說的「虛虛實實的部隊運用」。在這方面，最好的實例就是帖木兒❶對抗鄂圖曼帝國的「安卡拉之戰」。

孫子守則

治眾如治寡

➔ 治理軍隊首先要有合理的編制

大軍運作的辦法

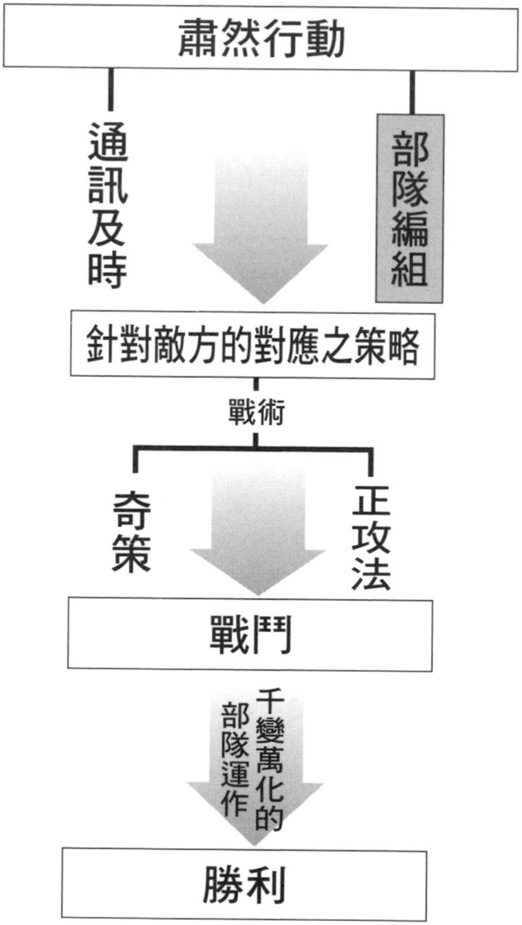

堅如鐵壁的帖木兒軍隊，對抗粗陋混編的土耳其軍隊

十五世紀初葉，屢屢反抗鄂圖曼帝國薩爾坦・帕夏吉特一世壓迫的東羅馬皇帝約翰內斯六世，向當時正在中亞急速擴張勢力的帖木兒緊急求助。帖木兒出生於蒙古帝國所屬的一個貴族之家，他趁皇家衰落之際獨立，自稱是成吉思汗的後裔，一舉擴展勢力，在中亞、西亞一帶建立帝國。

這位東羅馬皇帝的求救，對於一直企圖西進，並且構築一個大伊斯蘭圈的帖木兒來說，的確是天賜良機。

西元一四〇四年七月二十日，代表伊斯蘭世界的帖木兒和帕夏吉特兩位君王，在土耳其小亞細亞半島西方的安卡拉平原上對峙。帖木兒具有卓越的戰略目光，長驅直入，搶先佔領了安卡拉的城市，所以形勢對帖木兒比較有利。

帖木兒的軍隊是由蒙古騎弓手所組成的，共有七個軍團，分別由勇猛過人的帖木兒子孫統率，並有作戰經驗豐富的老將們輔佐。與之相反，帕夏吉特一方除了被稱為「葉尼奇軍團」的少數近衛軍之外，其餘皆由諸藩王的家兵、蒙古人與西歐人雇傭兵組成混編部隊。正如孫子確切講述過的，雜亂混編的土耳其軍隊，必然無法抵禦紀律嚴整的帖木兒軍戰象❷，和騎弓手們的強大攻擊。

首先是與帖木兒軍同族的蒙古雇傭兵臨陣反叛，反將帕夏吉特一軍。隨即，西歐人雇傭兵也逃之夭夭。接著，平時就對帕夏吉特苛酷統治深為反感的族人、藩王們，也接連棄他而去，一齊逃離戰場。其中，帕夏吉特的長子斯勒曼率先返回亞洲一側的首都布林薩，又再帶著妻妾、財寶渡過博斯普魯斯海峽，逃向歐洲一側的首都阿德亞諾布林。與禁衛軍葉尼奇軍團一起孤軍奮戰的帕夏吉特，最後彈盡力竭，被帖木兒俘獲。就這樣，伊斯蘭世界的雙雄決戰，以帖木兒取得壓倒性的勝利結束了。

若為此場戰爭中兩方的表現，以孫子的標準評分，帖木兒當然全是滿分，而帕夏吉特則是零分。同時，孫子的這一教誨，完全可以應用在不同領域的現代企業，加以經營並且活用。

註解

❶ **帖木兒：** 中亞的風雲人物，出身於蒙古巴魯剌思氏部落。打敗西亞、南亞和中亞的其他國家，以撒馬爾罕為首都，建立帖木兒帝國。安卡拉之戰後，更興兵征伐中國的明朝，於途中亡歿。

❷ **軍戰象：** 經人類馴服和訓練後，用於作戰用途的大象。在戰場上主要用於衝散敵軍的陣列、踐踏敵人，以及利用高聳的象背向敵方投射兵器。

在安卡拉之戰中的帖木兒軍隊

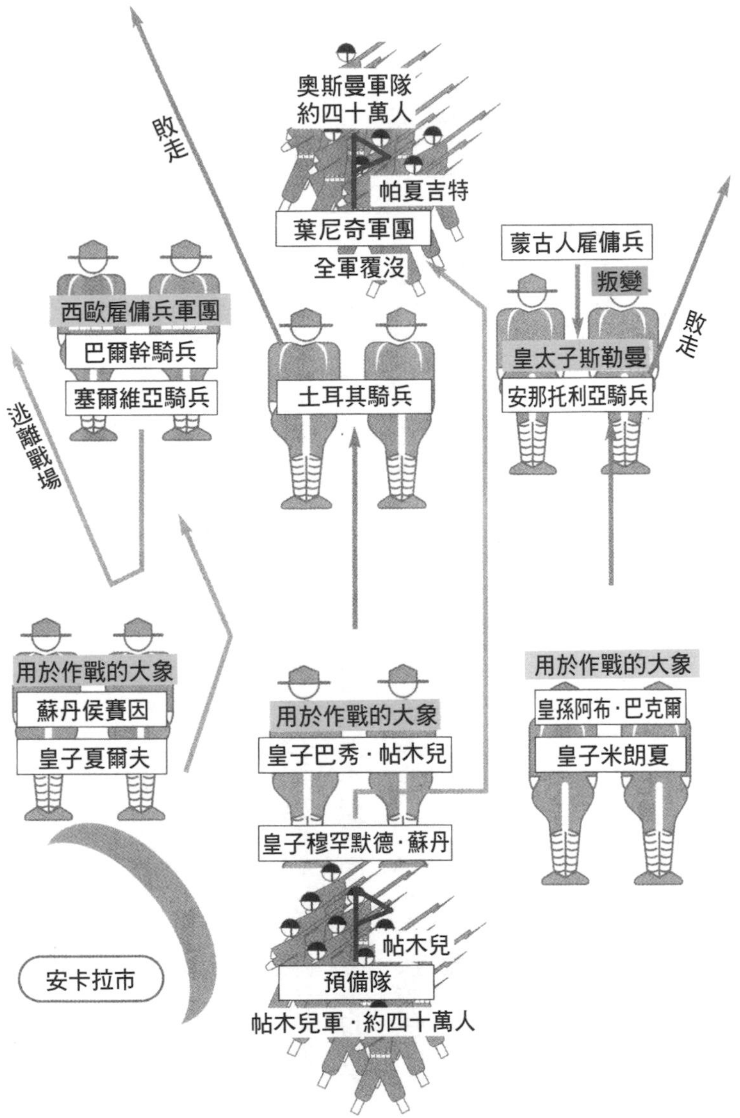

奧斯曼軍隊
約四十萬人
帕夏吉特
葉尼奇軍團
全軍覆沒
敗走
西歐雇傭兵軍團
巴爾幹騎兵
塞爾維亞騎兵
逃離戰場
土耳其騎兵
蒙古人雇傭兵
叛變
皇太子斯勒曼
安那托利亞騎兵
敗走
用於作戰的大象
蘇丹侯賽因
皇子夏爾夫
用於作戰的大象
皇子巴秀·帖木兒
皇子穆罕默德·蘇丹
用於作戰的大象
皇孫阿布·巴克爾
皇子米朗夏
帖木兒
預備隊
帖木兒軍·約四十萬人
安卡拉市

二、凡戰者，以正合，以奇勝

凡戰者，以正合，以奇勝。故善出奇者，無窮如天地，不竭如江河。終而復始，日月是也；死而復生，四時是也。

孫子觀點——根據戰時的狀況，採用奇策而獲勝

太凡戰爭，總是先從有固定準則的正攻法入手，或者根據局勢變化出奇策來取勝。善出奇策的人，能像天地之動一樣無窮，像大河之流一樣永無止盡，像周而復始的四季一樣，想出無數變化的奇策。然而，縱橫這些奇、正兩策的武將們，是否有按照孫子的教誨呢？翻閱古今中外的戰爭史，首先浮現在我們腦海的，大概就是迦太基❶的非凡名將漢尼拔❷。

漢尼拔勢不可擋的奇策

西元前二一八年，迦太基共和國伊比利亞總督，二十七歲的將軍漢尼拔（Hannibal），下定決心攻打不共戴天之敵——羅馬。從此，開啟了歷時十五年的第二

孫子守則

凡戰者，以正合，以奇勝

➔ 使用奇策攻擊敵人

正攻法和奇策組合的要點

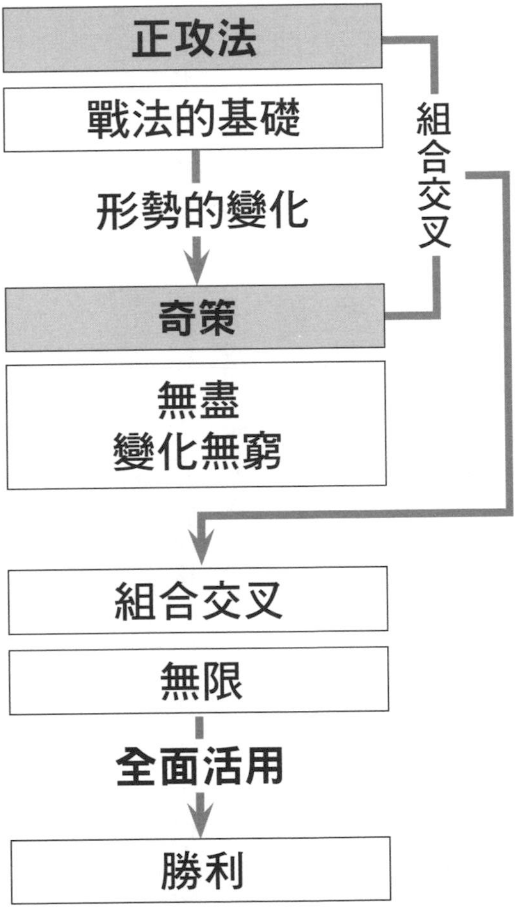

次布匿戰爭③（又稱為漢尼拔之戰）。以討滅羅馬為最終目的漢尼拔，在這場戰爭中所運用的策略，幾乎將當時的全世界都包括在內。策略如下：

一、與同樣和羅馬進行鬥爭的馬其頓王國結成同盟，對羅馬進行夾擊。

二、與飽受羅馬壓迫之苦的高盧人各族成為盟友。

三、策反被羅馬征服的義大利半島城市，並結成同盟，使之成為迦太基在此次戰爭中的後勤補給據點。

四、策反原是迦太基同盟國的西西里島希拉克薩王國，並結成同盟。

透過上述的外交政策，漢尼拔全面封鎖羅馬。在此之後，他又將在伊比利半島的軍隊，一部份用於迦太基本國和伊比利半島的防衛，其餘的步兵九萬人、騎兵一萬兩千人、戰象四十頭，則由他親自率領，長驅直入，攻打羅馬。

另一方面，若從現代觀點來看羅馬軍的戰略，他們採用了利德爾・哈特「間接戰略」式的戰法。羅馬軍交給執政官提貝里烏斯・塞姆普羅尼烏斯・隆古斯四個軍團，共四萬兵力，令其從海路攻打迦太基本國。又交給另一位執政官普布利烏斯・科爾內利烏斯・西庇阿相同的兵力，令其從海路，在羅納河口的馬希利亞登陸，以期阻止東進的漢尼拔軍，並且一鼓作氣攻佔其根據地伊比利半島。

然而，羅馬軍這項相當聰明的作戰計劃，還是被遠遠超越常人思維的天才漢尼拔，所想出的「翻越阿爾卑斯山」這項驚人奇策破壞了。當時，從伊比利半島到義大利半島，有以下幾個方法：

一、從海路，向東駛過地中海。

二、從陸路，沿著利古亞海岸東進。

三、翻越庇里牛斯山、阿爾卑斯山。

漢尼拔在這場戰役中，選擇了其中最困難的第三個方法，也就是翻越阿爾卑斯山，為什麼呢？其理由被認為有以下幾個方面：

一、地中海的制海權掌握在羅馬人手中。

二、越過阿爾卑斯山，可以將飽受羅馬人壓迫之苦的高盧人各族，爭取為自己的盟友，以取得支援。

三、翻越阿爾卑斯山將成為一項戰略奇襲。

事實上，即使時至今日，翻越阿爾卑斯山依然是困難重重。更何況是在沒有明確道路的古代，且是伴隨有戰象、戰馬和大量軍需物資的大部隊行軍。

當他們克服了無法想像的十五天翻越阿爾卑斯山的艱辛旅程，站立在倫巴第平原上時，其兵力只剩下步兵兩萬、騎兵六千、戰象數頭，也就是說，兵力減少到從伊比利半島出發時的三分之一。

當羅馬人得知漢尼拔大軍翻越阿爾卑斯山時，非常驚恐，他們急忙召回西庇阿所率領的四個軍團。但是，都已是徒勞無功。在提基努斯河會戰中，漢尼拔的戰象及騎兵部隊令這四個軍團幾乎全軍覆沒。

接著，被召回的隆古斯四個軍團，也在特雷比亞河戰役中，受漢尼拔軍的挑釁而強行渡河。在渡河時，前有漢尼拔軍的主力，後有埋伏的機動隊，在如此夾擊之下，這四個軍團也全被殲滅。

特別值得一提的是，在漢尼拔的軍隊中，除去有若干迦太基的高級指揮官之外，其餘幾乎全是非洲人、伊比利亞人以及高盧人的雇傭兵，兵力也幾乎是羅馬軍的五分之一以下。但是，漢尼拔就這樣率領著一支處於劣勢的軍隊，縱橫捭闔，攻擊當時最強大的陸軍國家羅馬，屢屢使羅馬軍陷於危機之中。

漢尼拔在軍事上的活躍，從部隊編組、指揮統率、情報活動、戰略戰術、軍隊的操練等等方面來看，對現代企業管理是有很大的參考價值。

註解

❶ **迦太基：**商業民族腓尼基人在北非的殖民城市。因其卓越的航海術和天才的商業才能而繁榮發達，當時全世界的財富幾乎都集中於此，被稱為「地中海的女王」。不久之後，為了爭奪地中海的霸權，而與新興國家羅馬發生衝突，經歷三次布匿戰爭之後，於西元前一九四年滅亡。

❷ **漢尼拔：**迦太基的將軍，以帶領著大象翻越阿爾卑斯山而聞名。在義大利半島上，以羅馬軍為對手，連戰連勝，尤其是在坎尼會戰中獲得全勝，成為後世在軍事學上的典範戰例。

❸ **布匿戰爭：**自西元前三世紀開始，古羅馬和古迦太基之間，為爭奪地中海沿岸的霸權，發生的三次戰爭，名字來自當時羅馬對迦太基的稱呼。布匿戰爭的結果是迦太基被滅，迦太基城也被夷為平地，羅馬爭得地中海西部的霸權。

漢尼拔翻越阿爾卑斯山的思路解析

漢尼拔和羅馬的方案
（H）　（R）

H-1：從海路向東航行
H-2：從陸路東進
H-3：翻越阿爾卑斯山

R-1：在地中海進行阻防
R-2：在陸路上進行阻防

比較研討

	可能性	適合性	接受性
H-1	╳	○	╳
H-2	△	○	△
H-3	╳	╳	╳

如果是一般人，會採用 H-2

漢尼拔的決心

H-3

原因

H-1——沒有制海權
H-2——會受到羅馬軍阻止
H-3——困難
但是，H-3 的優點為：

- 奇襲戰略
- 可在途中拉攏高盧族成為盟友

奇策：翻越阿爾卑斯山

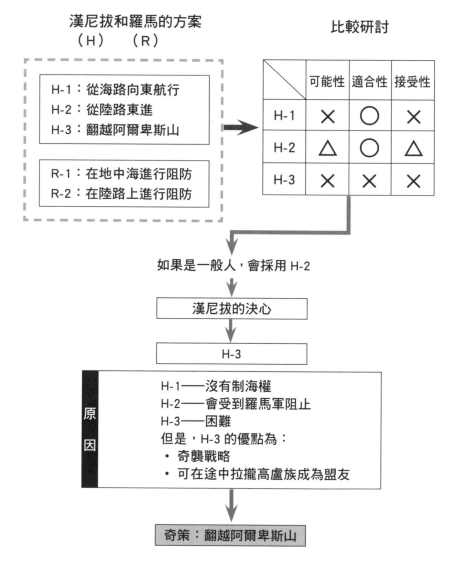

三、求之于勢，不責于人

故善戰者，求之于勢，不責于人，故能擇人任勢。任勢者，其戰人也，如轉木石。木石之性，安則靜，危則動，方則止，圓則行。故善戰人之勢，如轉圓石于千仞之山者，勢也。

孫子觀點　應當追求有利的作戰態勢，而不是苛求下屬

善戰之人，重視軍隊整體的士氣勝過兵卒個人。本來，士兵就像樹木與石頭一樣是很難移動的，但是，如果透過激勵，那士兵們也可以洶湧澎湃地行動。如果能夠成功激發士兵的鬥志，讓他們進行戰鬥，就像石頭從千仞之山滾落而下一般，在戰鬥中形成一股驚人的氣勢。

拿破崙的演說使得法軍士氣大振

西元一七九六年二月，二十七歲的陸軍中將拿破崙·波拿巴❶，被任命為義大利軍的司令官。他在結婚的第三天，便告別愛妻約瑟芬，獨自一人出發前往義大利。當時的

孫子守則

求之于勢，不責于人

➔ 相較於個人能力，整體之勢更為重要

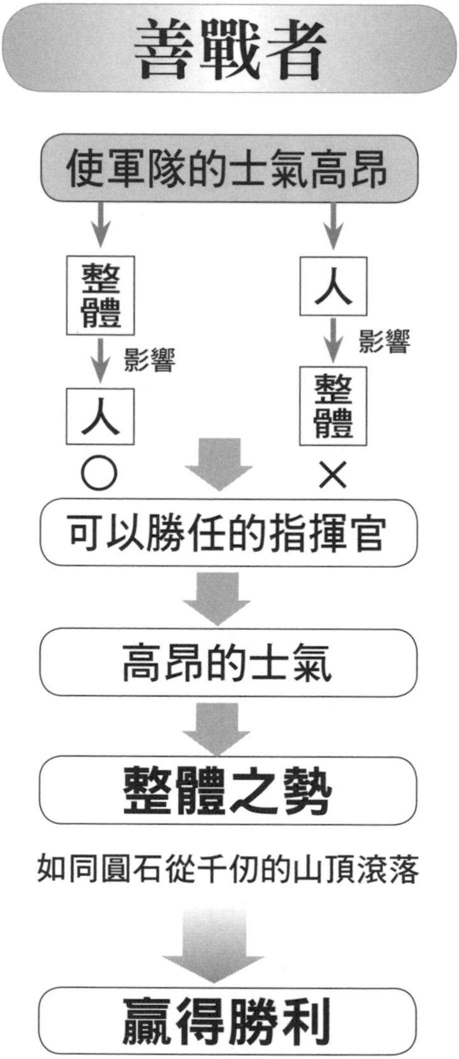

法國軍隊，是由乘著法國大革命的熱潮，而組成的失業者集團，其中還有之後成為拿破崙左臂右膀的奧傑羅、瑪塞納、朗奴等軍團長。此時，他們並不把尚且年輕的拿破崙放在眼裡，都帶著「為什麼必須去見一個年輕小子？」的懷疑心情去司令部。但是，個子雖小但目光炯炯的拿破崙，馬上用自己的威嚴震攝了他們。就連以蠻勇而出名的奧傑羅，在回顧當年時，也說：「接觸到拿破崙司令官手指的瞬間，全身就像觸了電一般。」在短短一天之內，拿破崙在掌握麾下軍隊後，便與奧地利、義大利聯合軍展開決戰，向倫巴第平原進攻。

臨近開戰前的四月十日，拿破崙向全體將士發表了強而有力的演說，他說：「士兵們！你們沒有麵包可以吃，也沒有衣服可以穿，只能頭枕著槍，睡在洞窟中，而這都是為了保衛家國而戰。但是，政府對你們這番令人驚嘆的勇氣和貢獻，給予什麼回報呢？現在不同了，我要帶領你們前往世界上最富足的倫巴第，任你們享用財富。士兵們！好日子就近在眼前了，和我一起戰鬥，和我一起前進吧！富足和光榮就在前方等待著我們，奮起吧！」

拿破崙此番激勵人心的演說，使迄今為止沉悶至極、狀如殘敗之師的三萬八千多名法軍頓時燃燒了起來。而後，拿破崙以在蒙蒂諾特之戰中，擊潰奧義聯軍為起點，進一步在羅地之戰中擊敗逃竄的奧軍，將他們趕進最後的據點曼圖亞。在這場羅地之戰中，拿破崙冒著槍林彈雨，與聯隊長朗奴上校一起站在敢死隊的前面，強行渡過羅地橋，被士兵們尊稱為「小伍長（下士）」。於是，法軍的官兵之間，就此建立起牢不可破的信任感和凝聚力。

接下來，拿破崙又在佛羅倫斯、熱那亞、米蘭等北義大利各地相繼擊敗奧軍。翌年，即西元一七九七年二月，法軍進兵羅馬，使羅馬教皇投降，從而攫取了四千萬法郎的賠款，和多達三百件的美術品，這些美術品現在都保存於法國羅浮宮美術館。拿破崙在征服了整個義大利後，又長驅直入，迫近奧地利的首都維也納。十月，他與奧地利簽訂《坎波福爾米奧條約》，使其屈服。法國也因此得到從法蘭克王國時代就一直覬覦的萊茵河左岸地域，和奧屬比利時，並取得義大利的統治權。從那時起，青年將帥拿破崙之名，一炮而紅，響遍全歐洲。十二月，他帶著十一萬五千名俘虜、一百七十面從敵人手中奪得的軍旗、一千七十門大炮，凱旋而歸，浴沐在市民的歡呼聲中。

像拿破崙這般透過激勵部下戰時心理的演說、訓示、檄文，或者親自站在陣地前沿鼓舞士氣，打破困境而取得成功的做法，在古代可以說只有羅馬的第一位帝國皇帝尤利烏斯．凱撒做到，而在近代也只有拿破崙辦到了。不過，在拿破崙的自述中，他自己也提到，這種才能絕非天賦。在年輕未遇時，他曾利用閒暇時間，反反覆覆地閱讀亞歷山大大帝、漢尼拔、尤利烏斯．凱撒等名將的傳記，由此深得體會。也就是說，這是他透過孜孜不倦地學習，成功地將戰爭心理學活用於統率部下，並在戰場上進行實踐，從而取得了勝利的成果。後人也評論，拿破崙的偉業，除去其卓越的戰略、戰術外，有一半以上是「心理學家拿破崙」的成功。

回到當代，處於不景氣時期的經營者和管理者們，也要像拿破崙一樣親自站在陣前，與部下共苦樂，藉此鼓舞士氣，激發整體氣勢，才能達成彼此共同的目標。

註解

❶ **拿破崙．波拿巴：** 拿破崙一世，被稱為「法國人的皇帝」。在法國大革命後的混亂中，他以天生的統帥能力嶄露頭角，由國民投票推戴為皇帝。在拿破崙戰爭後的西元一八一四年被迫退位，被流放到地中海的厄爾巴島。此後不滿一年，拿破崙逃離厄爾巴島，捲土重來，但在西元一八一五年六月的滑鐵盧戰役中再次兵敗，被流放到位於西非沿岸的聖赫倫那島，在英國的軟禁之下度過生命的最後六年。

心理操控專家拿破崙

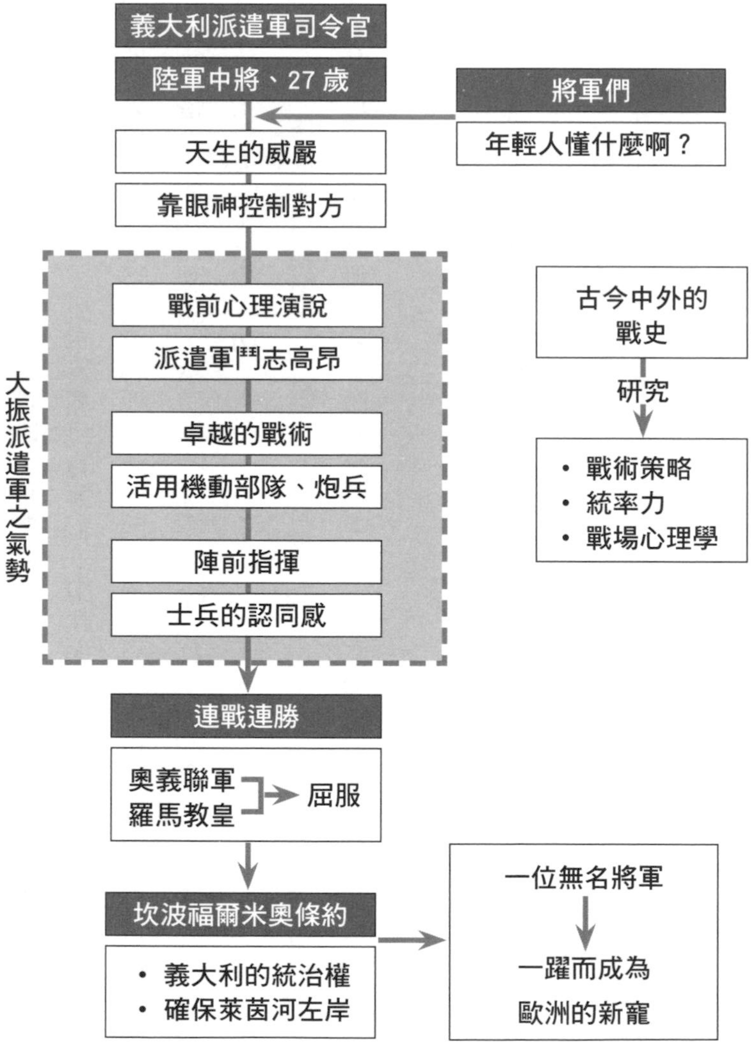
義大利派遣軍司令官
陸軍中將、27 歲
將軍們
年輕人懂什麼啊？
天生的威嚴
靠眼神控制對方
大振派遣軍之氣勢
戰前心理演說
派遣軍鬥志高昂
卓越的戰術
活用機動部隊、炮兵
陣前指揮
士兵的認同感
古今中外的
戰史
研究
• 戰術策略
• 統率力
• 戰場心理學
連戰連勝
奧義聯軍
羅馬教皇
屈服
坎波福爾米奧條約
• 義大利的統治權
• 確保萊茵河左岸
一位無名將軍
一躍而成為
歐洲的新寵

四、激水之疾，至于漂石者

激水之疾，至于漂石者，勢也。鷙鳥之擊，至于毀折者，節也。是故善戰者，其勢險，其節短，勢如張弩，節如發機。紛紛紜紜，鬥亂，而不可亂也。渾渾沌沌，形圓，而不可敗也。

孫子觀點——氣勢磅礴的激流，就連巨石也能沖走

如果將堵塞住的水流放開，任由它順流而下，那就連巨大的石頭也會被強勁的水勢沖走。猛禽之類的鳥獸在衝向獵物時，帶有衝擊力的關鍵一擊，也可以輕易將獵物撕裂。善於作戰者，總是能夠充分提高部隊的戰鬥力，一鼓作氣地猛擊敵人，以其氣勢奪取勝利。

德軍的敗陣原因

在第二次世界大戰中的諾曼第戰役❶，又被稱為「歷史上規模最大的海上登陸作戰」，就是一場進行充分準備後，一鼓作氣發動攻擊，取得決定性戰果的行動。

孫子守則

激水之疾，至于漂石者

➔ 提高戰鬥力，一氣呵成地取勝

一鼓作氣決定勝負的重要性

激水

兵力的集中
鬥志的高昂

↓

捕捉戰機

↓

潛在的高漲氣勢

↓

一氣呵成地發動進攻
（打開堤堰而使之沖落）

↓

石

敵軍

↓

一瀉千里

一鼓作氣奪取勝利

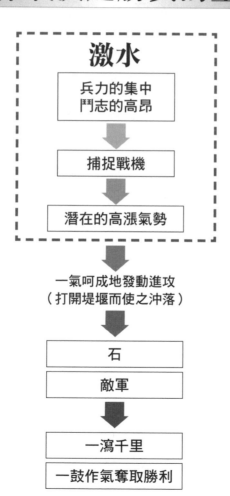

西元一九四三年十一月底，美國總統羅斯福、英國首相邱吉爾和蘇聯元首史達林三位同盟國的巨頭，在伊朗首都德黑蘭舉行會談。這次的德黑蘭會議，討論了今後對德國的作戰方針以及戰後的處理問題，史達林也提出了在西方構築第二條戰線的要求。事實上，此時的西部戰線，基本上處於穩定的狀態，但蘇聯卻在東部戰線與德軍百分之九十的兵力，進行著惡戰苦鬥。

這次會議的結果，便是策劃出在諾曼地登陸的「超載（Overload）軍事行動」。參加這次進攻的部隊陣容龐大，包括增援部隊在內的美、英、法、加等國，兵員共達四百萬、車輛五十萬臺、船艦七千艘，需要六個月的準備時間。

對於總指揮官的人選，各國想法不一，在經過一番周折後，最後任命了性格溫和，且具有出色協調能力的美國陸軍德懷特．大衛．艾森豪大將。

在此之前，艾森豪的人生才剛經歷過些許挫折，他的溫和性格被視為平庸，以至於擔任了十三年的陸軍少校，直到西元一九四一年初，也只不過是一位中校。但是，在這次任命之後，他的人生一帆風順，扶搖直上，兩、三個月後便升上將軍，四、五個月後升為元帥，甚至實現了當上美國總統的理想。

迎擊美國陸軍的是德國陸軍中，最德高望重的西方軍總司令官馮．倫德施泰特元帥，而擔當防備任務的則是B集團軍司令官尤根・隆美爾❷元帥。但是，表面看起來陣容堅強的德國軍隊，仍存在著希特勒的現場干預、內陸防禦或海岸擊潰的作戰思想混亂、航空兵力不足、登陸地點尚無法確認等不確定因素。

西元一九四四年六月六日，已經準備了整整六個月的同盟國軍，伴隨著猛烈的炮擊、轟炸，開始了大舉向諾曼第海岸登陸的行動。與此相反，德軍的應戰卻是十分被動。其中，最令人震驚的便是現場最高指揮官隆美爾元帥，竟然不在自己的崗位上。原來，他為了給自己的愛妻慶賀生日，而回到德國本土，這是多麼荒謬的一件事啊！

同時，在東部戰線上，蘇聯軍隊也擊潰了德國的中央軍團。而且，美法聯軍也在法國南部的馬賽登陸。盟軍從三個方面向德軍首都柏林進軍，開始了怒濤般的進攻。翌年，西元一九四五年四月，蘇聯朱可夫元帥率領的三個軍團，共二百五十個師團攻入德國本土。在連番追擊下走投無路的希特勒，於同月三十日，在總統官邸內和日前結婚的妻子愛娃・勃勞恩一起自殺身亡，納粹德國❸就此從這個世界上消失。

這次同盟國軍的勝利，正如孫子所說：「勢險，其節短。」在經過萬全的準備後，一鼓作氣進行反攻，而取得勝利。

註解

❶ **諾曼第戰役：**西元一九四四年，第二次世界大戰中，西方盟軍在歐洲西線戰場發起的一場大規模攻勢，是迄今為止，人類歷史上規模最大的海上登陸作戰。近三百萬盟軍士兵橫渡英吉利海峽後，在法國諾曼第地區登陸。

❷ **尤根・隆美爾：**德國陸軍元帥。因擅長裝甲戰，與在北非戰線的英國第八軍展開坦克戰而出名，被稱為「沙漠之狐」。作為德國B集團軍司令官，在同盟軍的諾曼地登陸戰中失敗，後參與暗殺希特勒。事跡敗露後，在希特勒威逼下自殺。

❸ **納粹德國：**正式名稱為「德意志第三帝國」。是繼神聖羅馬帝國、德意志帝國之後，由德國人建立的第三個帝國。西元一九三三年–西元一九四五年，由希特勒和納粹黨所建立。在希特勒的統治之下，德國轉變為法西斯主義的極權國家，國內近乎一切事務均為納粹黨所控制。

歷史上最大的海上登陸作戰——諾曼地登陸戰

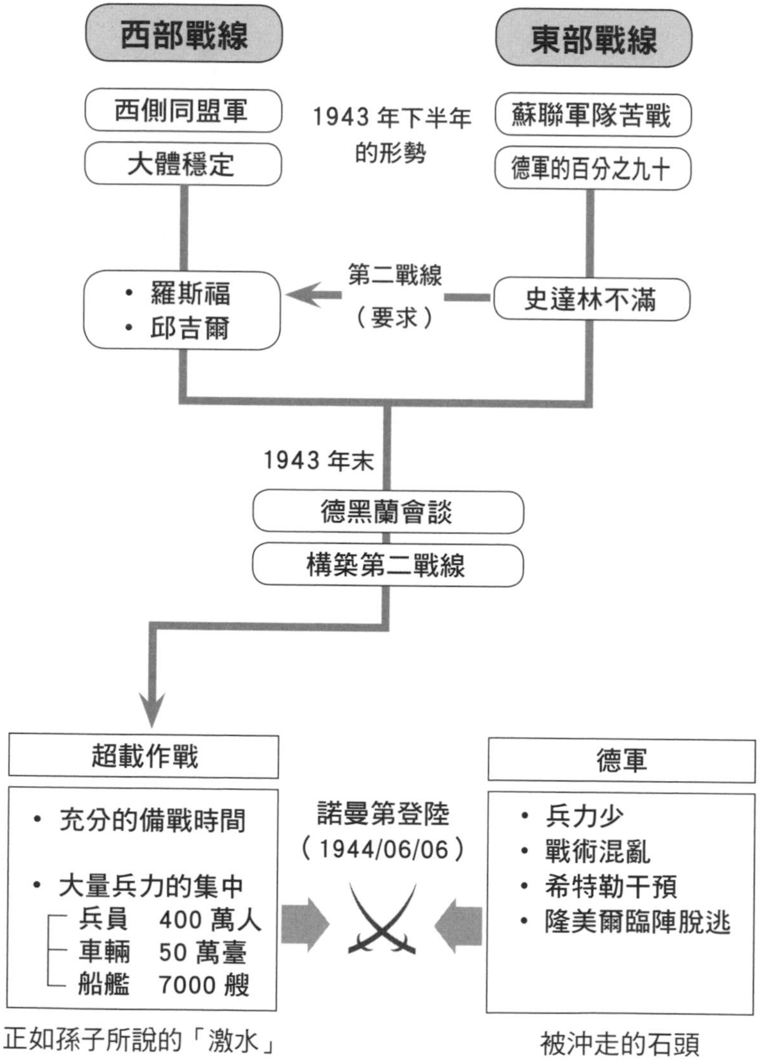
西部戰線
東部戰線
西側同盟軍
大體穩定
1943 年下半年
的形勢
蘇聯軍隊苦戰
德軍的百分之九十
・羅斯福
・邱吉爾
第二戰線
（要求）
史達林不滿
1943 年末
德黑蘭會談
構築第二戰線
超載作戰
・充分的備戰時間
・大量兵力的集中
兵員 400 萬人
車輛 50 萬臺
船艦 7000 艘
諾曼第登陸
（1944/06/06）
德軍
・兵力少
・戰術混亂
・希特勒干預
・隆美爾臨陣脫逃
正如孫子所說的「激水」
被沖走的石頭

第二章

虛實的戰術

- 虛實篇
- 軍爭篇
- 九變篇

虛實篇

一、致人，而不致于人

凡先處戰地，而待敵者佚，後處戰地，而趨戰者勞。故善戰者，致人，而不致于人。

孫子觀點——**善於作戰者總是掌握主導權**

這一節所講述的是，在戰爭中取得主導權的重要性。以下所舉的實例則是一次與孫子教導相反的海戰，本應由己方堅守的重要區域，卻被敵人率先下手奪取，然後己方才滿不在乎地出擊，最終導致失敗。

沒有取得主導權而導致徹底失敗的小澤中將

西元一九四四年六月十一日，美國第五艦隊司令長官史普魯恩斯❶大將率領第五十

孫子守則

致人，而不致于人

主動權必須握在自己手裡

戰爭中取得主動權很重要

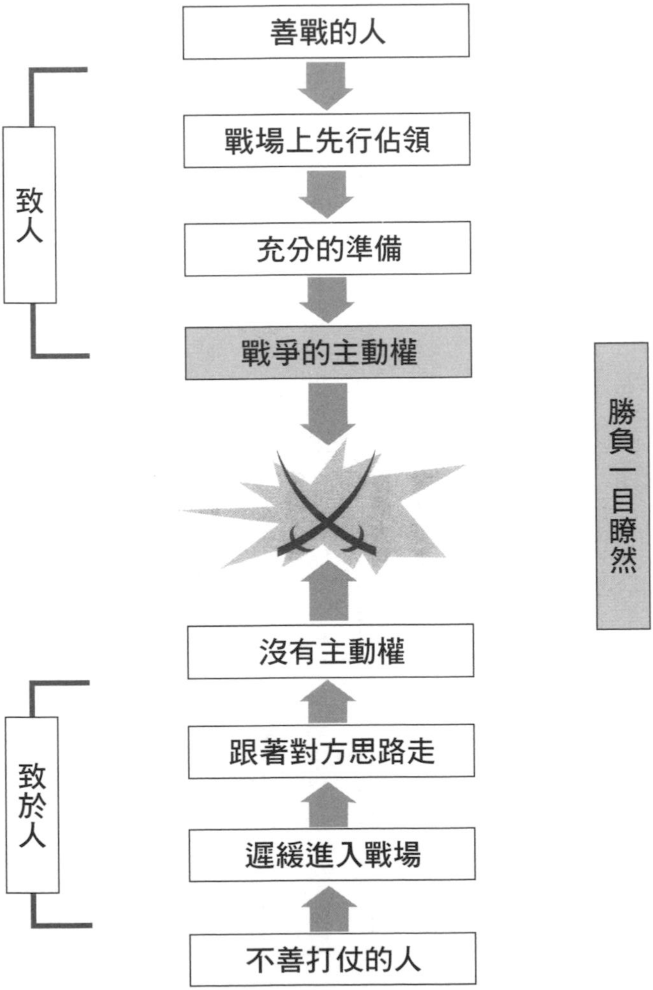

八機動部隊（Task Force 58），和第五水陸兩棲部隊，突然猛烈地襲擊太平洋馬里亞納群島中的塞班島。美軍的主要目的是，取得曾進行過對日戰略轟炸的 B-29 重型轟炸機起飛基地。

迄今為止，日本海軍一直認為同盟國軍隊的主要攻擊目標是巴布亞紐幾內亞，此刻才大吃一驚。聯合艦隊司令長官豐田副武大將，立刻命令正待命在婆羅洲島的第一機動艦隊，擊潰美軍。該艦隊由第二艦隊（戰艦部隊）和第三艦隊（航空母艦機動部隊）組成，包括剛剛建成的新型航空母艦「大鳳號」為首的九艘航母、五艘戰艦在內，再加上四十六艘護衛艇、四百七十架飛機，是日本海軍的一張王牌，司令長官則是由聲望很高的小澤治三郎中將擔任。與之相對的美軍，則由身經百戰、久經磨練的勇將馬克・米查中將，率領第五十八機動部隊應戰。他們擁有以正陸續建成、全新就役的新式航母「埃塞克斯」為中心的十五艘航母，再加上七艘新式戰艦、九十七艘護航艦、九百六十架飛機，是有史以來最大、最強的高速航母機動部隊。

深知自身在質和量都不及美國機動部隊的小澤中將，絞盡腦汁，制定了「（超距離）外線戰法」，企圖使用這個劃時代的戰術，死裡逃生。他的著眼點是，美軍艦載飛機的戰鬥活動半徑，最大為二百五十海浬左右，而日本則是四百海浬以上。因此，他打算讓敢死隊從美軍飛機無法達到的距離外起飛，透過先下手進攻，一舉葬送敵方。然而，這場海軍史上最大、也是最後一次的航母機動部隊決戰——馬里亞納海戰❷，卻輕易地以日本的慘敗結束了。為什麼呢？

搖搖晃晃地飛完三百八十海浬長途距離，且又訓練不足的日軍飛機，首先受到由雷達導航，格拉曼公司製造的 F6F 式「黑寡婦」機群攻擊，大半被擊毀、墜落。而好不容易飛到敵艦上空的日軍飛機，也陷入來自航母周圍戰艦或四艘巡洋艦，及周邊十六艘驅逐艦的對空炮火射擊圈中，幾乎全部被輕而易舉地擊落。當時，甚至傳言美軍的飛行員說：「這就像一場簡單的射火雞大賽啊！」

但是，悲劇還沒有結束，就在小澤中將離開戰場時，正規的航空母艦「大鳳號」和「翔鶴號」受到美軍潛艇的魚雷攻擊而沉沒。次日，在大舉襲來的美軍軍艦和飛機攻擊之下，日軍中型航母「飛鷹號」也被擊沉。另外，日本航空母艦上的飛機也只剩下三十架。第一機動艦隊，變成了被拔去羽毛的鳥，這場牽動著日本命運的馬里亞納海戰，就以日本海軍的慘敗而成為歷史。

那麼，此次日軍敗北的原因究竟是什麼呢？

一般認為，此次海戰的敗因在於日軍方面飛行員的訓練不足。確實，日軍大部分的飛行員雖然能從艦上起飛，但卻無法安全落艦。但是，這是從一開始就該明白的事實，將作戰失敗的原因全都推給飛行員實在太過於苛刻。而在戰術方面，小澤中將沒有體認到美國海軍艦隊的防空能力，在他不知道的時候有了飛躍般的提升。他將美國海軍艦隊的防空能力，和日本海軍虛弱的防空能力相提並論，將低訓練程度的飛行機隊送到艦隊中，這才招致了這場悲劇的發生。然而，最大的原因還是在於，直到最緊要的據點馬里亞納群島受到奇襲後，日軍這才不甘不願地開始行動，面對已擺出萬全態勢嚴陣以待、遙遙領先的敵人，日軍才慌慌張張地投入戰事，當然會落入慘敗的結局。

六月十一日，美軍方面開始猛烈轟炸日軍。十三日，艦炮開始射擊、掃海（登陸進攻前的先兆）。十四日，海軍陸戰師團開始登陸。但是，日軍聯合艦隊司令長官下令發起還擊作戰的時間，卻是次日的六月十五日。而接到這個命令的第一機動艦隊，到達戰場的時間是六月十九日，中間整整延遲了八天。

如果套用孫子的教誨來分析這場戰事的話，那就是「先處戰地而待敵者佚，美國海軍佚，後處戰地而趨戰者勞，日本海軍勞。故史普魯恩斯致小澤，而不致于小澤」。其實，不僅僅是戰爭，就連對企業管理，或日常生活中的交往等所有事情，如何做到先手必勝、把握主動權，也是很重要的。

註解

❶ **史普魯恩斯：**全名雷蒙·艾姆斯·史普魯恩斯。第二次世界大戰時期，美國海軍將領、美國第五艦隊司令。為紀念他所立下的戰功，史普魯恩斯級驅逐艦和該級首艦史普魯恩斯號，皆以他的姓氏命名。但是，由於名額限制，史普魯恩斯一直未能晉升為五星上將，國會最終通過了一項例外的議案，明定史普魯恩斯退休後，將維持五星上將的薪酬直至逝世。戰後，他被任命為美國駐菲律賓大使，完成關於美國基地問題的談判，也出任美國海軍戰爭學院院長。

❷ **馬里亞納海戰：**美方稱為菲律賓海海戰。是第二次世界大戰中，太平洋戰場上，美國海軍與日本海軍間的一次海戰。戰役進行的時間從西元一九四四年六月十九日，持續至六月二十日，戰場在馬里亞納群島的塞班島附近海域。此戰役影響甚大，自此之後，日本喪失西太平洋制海權，艦隊主力航空母艦損失慘重，艦載機消耗殆盡，使之無法在四個月後的雷伊泰灣海戰，派出飛機支援艦隊。美軍方面則大獲全勝，只有少數艦隻輕傷。

沒有取得主動權而大敗的日本海軍

日本海軍

美國海軍

未能察覺 → 戰略目標 ← 馬里亞納島戰略奇襲

第一機動艦隊敗陣

航空母艦 ×3
飛機 ×400
喪失

日本方面失敗原因

受到戰略奇襲
（錯誤判斷戰場）

「外線戰法」的失敗
（鐵壁般的防空陣）

訓練不足

襲擊塞班島
（1944/06/11）

出其不意攻擊
塔威塔威島出擊
（6/15）

	日本	美國
航空母艦	9	15
艦艇	46	97
飛機	473	956

外線戰法
先手必勝

迎擊戰法
完美的防空陣

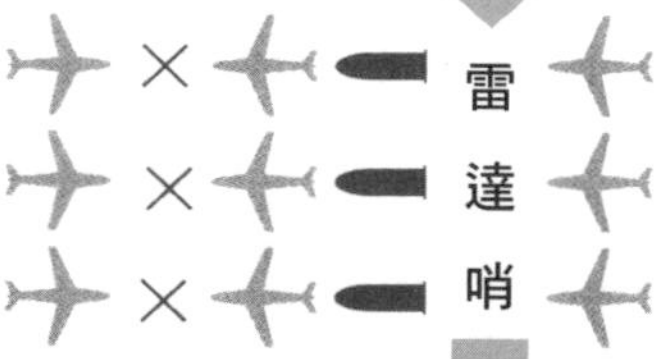

58機動部隊
（機動群×4）

馬里亞納海上的射火雞大賽

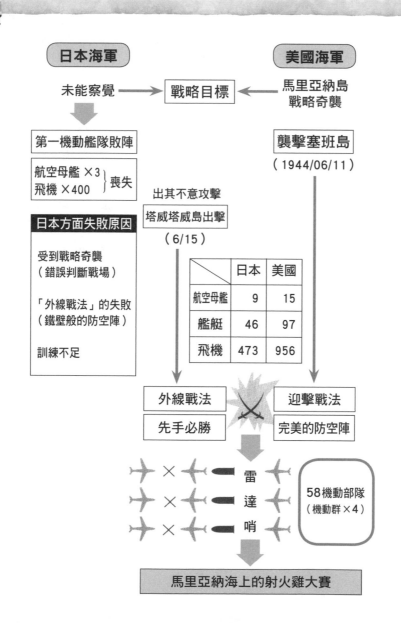

二、以十攻其一

故形人而我無形，則我專而敵分。我專為一，敵分為十，是以十攻其一也，則我眾而敵寡，能以眾擊寡，則我之所與戰者，約矣。

孫子觀點——使敵人分散而我方集中，用十倍於敵方的兵力，攻擊敵方的一部分

在戰場上，有以小克大而取勝的戰法嗎？答案是，有的。關鍵在於，己方透過哪些手段來分散敵人，並且集中全力攻擊敵方的一部分。也就是說，我方集中十倍於敵人的力量，攻擊敵人被分散的、只有一部分的力量，最後取勝。雖然孫子是這樣教導我們的，但是，真的有那麼好的計策嗎？

伊巴密濃達的「斜線陣戰術」

西元前五世紀末，在希臘半島上，斯巴達取代了雅典稱霸。但在不久之後，以底比斯為盟主的諸國，紛紛開始反抗斯巴達的殘酷統治，在西元前三七八年，開始了一場歷經十五年的底比斯戰役❶。

孫子守則

以十攻其一

將己軍集中，攻擊分散之敵

分散與集中的戰略

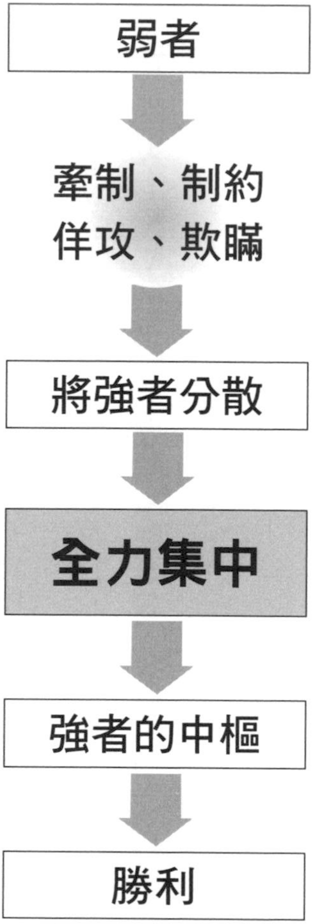

西元前三七一年，雙方在相互一進一退的僵持之下，底比斯的名將伊巴密濃達（Epameinondas）率領六千人士兵，在雷克特拉平原上，與克隆布魯特國王的一萬名斯巴達軍對峙。伊巴密濃達面對比己方人數多出近一倍，且號稱無敵的斯巴達陸軍，採取了為後世軍事史帶來極大影響的劃時代戰術。

當時，希臘方面的戰鬥形式很簡單，就是由重裝步兵們並列，排成八至十二列橫隊，敵我雙方從正面相互對殺，揮舞著刀劍進行戰鬥。然而，伊巴密濃達將自己的左翼增加為四十八列，而中央及右翼則佈置了極少兵力，從整體上來看，呈現向右下傾斜的陣式。隨著戰鬥開始，伊巴密濃達讓己方的中央及右翼後撤，避開與斯巴達軍的中央及左翼的直接交戰，從而牽制對方。同時，以其強大的左翼攻擊斯巴達軍的右翼，一舉突破敵方右翼。最後，再與中央及右翼一起包圍斯巴達全軍，將其全數殲滅。

伊巴密濃達的「斜線陣戰術」的確如孫子所說，是「以十攻其一」。

而此種以「集中兵力」、「經濟地使用兵力」等戰術為原則的「斜線陣戰術」，也透過當時作為底比斯人質的馬其頓國王菲利普，傳給其子亞歷山大。亞歷山大運用斜線陣戰術，建立起橫跨東西的大帝國。之後，「斜線陣戰術」也被世界上的其他知名戰略家、戰術家所繼承。例如，在羅埃第之戰中，腓特烈大帝（Friedrich）在敵前的斜行佈陣；拿破崙常用的單翼側面包圍；在對馬海峽海戰中，東鄉元帥在敵前一百八十度回頭的「丁字戰法」等等，都應用了斜線陣戰法。

教導我們要「集中兵力」、「經濟地使用兵力」的孫子教誨，對於謀求組建少數精銳化的企業來說，也是絕無僅有的至理名言。

註解

❶ **底比斯戰役：**在雅典與斯巴達之間的伯羅奔尼撒戰爭後，斯巴達取得勝利。以底比斯為盟主的城市，因為無法忍受斯巴達的殘酷統治，憤而反抗。最後，斯巴達在雷克特拉、曼底內亞之戰中戰敗，將霸權寶座交給了底比斯。

❷ **伊巴密濃達：**古希臘城邦底比斯的將軍、政治家。其領導底比斯脫離斯巴達的控制，並使底比斯躍升為一等強國。重整希臘政治版圖，使舊的同盟解體，創立新的同盟，並監察各城邦的建設。

使用斜線陣戰術的戰爭

斜線陣戰術的繼承

伊巴密濃達
雷克特拉之戰
↓
亞歷山大大帝
格拉尼庫斯戰役
↓
腓特烈大帝
羅埃第之戰
↓
拿破崙
奧斯丁會戰
↓
東鄉平八郎元帥
對馬海峽海戰
↓
施利芬元帥
施利芬計畫

雷克特拉之戰

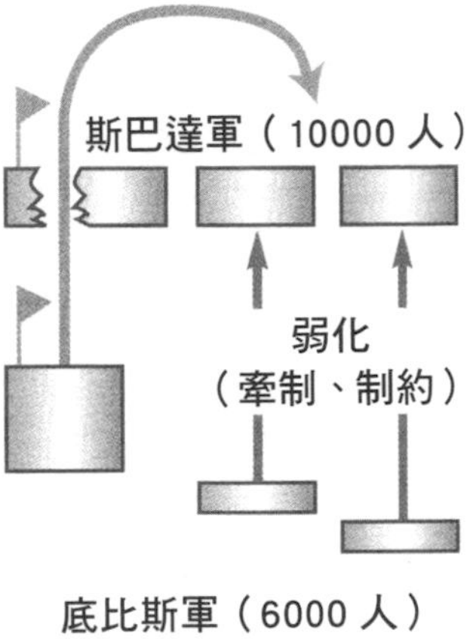

整體

底比斯 VS. 斯巴達
6：10
弱化 2/3
（牽制、制約）
↓
正面戰鬥
5：3
↓
底比斯取得壓倒性勝利

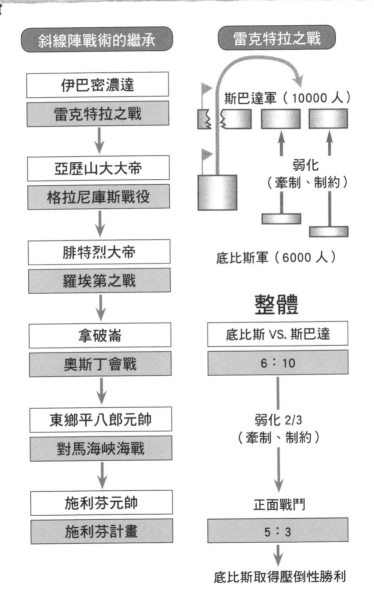

三、避實而擊虛

夫兵形象水，水之形，避高而趨下；兵之形，避實而擊虛。水因地而制流，兵因敵而制勝。故兵無常勢，水無常形，能因敵變化而取勝者，謂之神。

孫子觀點

避開敵方的強大之處，攻擊對手的虛弱之處

戰爭就如同水，水要從高處向低處流，戰爭也要避開敵方防守堅固之處，攻擊有漏洞的地方。因此，戰爭並沒有固定的常道，只能根據敵情變化而致勝。下面列舉這場令人吃驚的戰鬥，便是美軍巧妙地攻擊日軍的弱點，完整地呈現孫子的教導。

使日本陷入大混亂的海爾賽奇襲

西元一九四一年四月，美國總統羅斯福為報日軍偷襲珍珠港的一箭之仇，並提高國民的士氣，構思了一個對日本首都東京進行轟炸的方案。但是，美軍沒有可供轟炸東京時，飛機起降的陸上飛機場，航空母艦上的艦載飛機續航能力又不足。可是，這些問題並沒有讓美軍遭遇挫折，他們想出了讓陸軍的中型轟炸機，從航空母艦上起飛這樣異想

孫子守則

避實而擊虛

攻擊對手有破綻之處

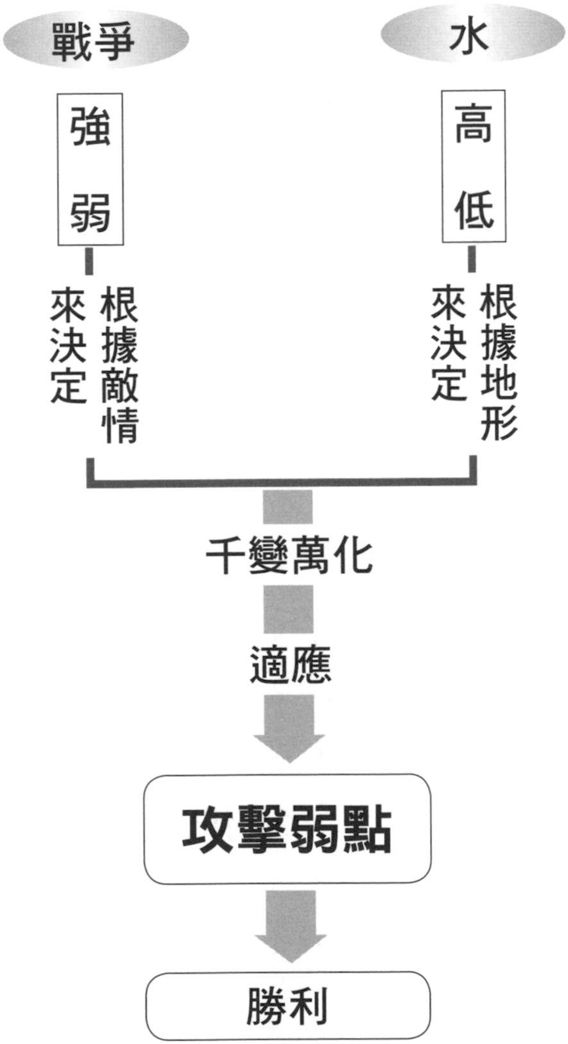

天開的辦法。不過，轟炸機一旦從艦上起飛，便再也無法在艦上降落，因此，這是一趟沒有回程的飛行。

美軍第十六機動部隊（Task Force 16），是由搭載有十六架陸軍 B-25 式中型轟炸機的「大黃蜂號」，及護衛它的「約克城號」兩艘航空母艦為主，再加上四艘護衛巡洋艦、八艘驅逐艦和兩艘供油艦組成。這支部隊由美國海軍一流猛將海爾賽❶中將率領進攻，一路直指日本本土。

四月十八日，當美軍機動部隊距離日本本土七百海浬時，就被日本海軍的警戒艇發現，並傳送出發現美軍的報警電報。本來，美軍預定的轟炸機起飛地點，是在距離日本本土五百海浬處。如果在距離七百海浬處就下令起飛，那麼轟炸機在飛到預定降落地中國前，燃料就將告罄。在這緊急關頭，海爾賽臨危不亂，他果斷地決定讓杜立德中校率領的轟炸隊起飛。此時，距離日本本土的距離是六百二十海浬。

事實上，此時的日軍已事先掌握美軍來襲的徵兆，又接到警戒艇的報告，確切得知美軍艦艇隊正在逐漸接近。但是，他們做夢也沒有想到，美軍會讓陸軍的中型轟炸機從航空母艦上起飛。日軍只是按照一般艦載機的續航能力推斷，認為空襲將會發生在隔天的十九日或二十日，日軍也是按照此時間，做出應急措施。但是，美軍轟炸隊的行動並沒有在日軍的預料內，奇襲發生在東京全區域防空大演習剛剛結束之時，可以說是以攻其弱點的形式，侵入日本本土，向以東京為中心的地區，投下如雨點般的炸彈。除去兩架飛機之外，其餘都飛到了中國的機場。

儘管此次被稱為「杜立德空襲」的行動，並沒有對日本造成巨大的損失，但對日軍來說，尤其是海軍，都因此陷入了大混亂之中，充分達到美軍所期盼的目標。

在激烈的企業競爭中，要戰勝同行業的其他公司，除了要制定正規的戰略之外，策劃此番攻擊對手薄弱之處的冒險設想，也是必要的。

註解

❶ **海爾賽：**美國海軍一流的猛將。在瓜達康納爾島戰役中，以「殺死日本人！」為口號，驅散日軍。在雷伊泰灣海戰中，落入日方小澤中將的圈套，被「釣」到北方。在離開戰場之際，他魯莽行事，如同其綽號「野牛」，以粗獷奔放出名。

出乎意料的海爾賽奇襲

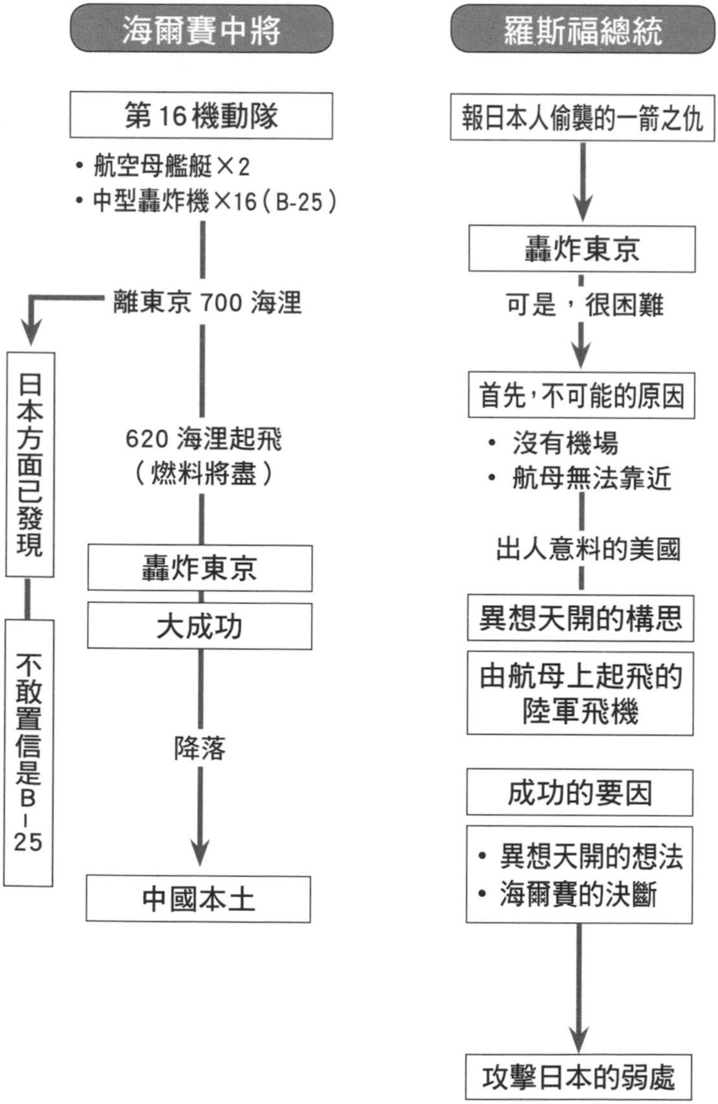
海爾賽中將
第16機動隊
• 航空母艦艇×2
• 中型轟炸機×16（B-25）
離東京700海浬
日本方面已發現
不敢置信是B-25
620海浬起飛
（燃料將盡）
轟炸東京
大成功
降落
中國本土
羅斯福總統
報日本人偷襲的一箭之仇
轟炸東京
可是，很困難
首先，不可能的原因
• 沒有機場
• 航母無法靠近
出人意料的美國
異想天開的構思
由航母上起飛的
陸軍飛機
成功的要因
• 異想天開的想法
• 海爾賽的決斷
攻擊日本的弱處

軍爭篇

一、其疾如風

故兵以詐立，以利動，以分合爲變者也，故其疾如風，其徐如林，侵掠如火，不動如山，難知如陰，動如雷霆。掠鄉分眾，廓地分利，懸權而動，先知迂直之計者勝，此軍爭之法也。

孫子觀點——行動如疾風一般迅速

如果將本節中，孫子所講述的要旨以一句話概括，其實就是有關機動戰的原理。著重的是將計就計，著眼於易勝之處，時靜時動，根據千變萬化的情況，以戰勝敵人。近代軍事學中，機動戰、裝甲戰的始祖——利德爾．哈特❶，就曾以此節中孫子的名言為原典，對迦太基名將漢尼拔的戰例進行事例研究，再加以體系化。

孫子守則

其疾如風

➔ 靈活變化地攻擊敵人

機動戰要點

其疾如風——迅速進入或撤出戰場

其徐如林——準備、觀察敵情

侵掠如火——戰鬥開始、擴大戰果

不動如山——確認戰果，準備下一個戰役

↓

千變萬化

神出鬼沒地戰勝敵人的漢尼拔

西元前二一七年，羅馬軍隊在此前的提基努斯河會戰，和特雷比亞河戰役中慘敗，全軍八萬兵力損失了七萬人。之後，他們撤換了作為指揮官的兩名執政官，新選任克內斯·塞維利奧斯，和卡奧斯·弗拉米尼奧斯作為指揮官。同時，又以新募集的四個軍團，和從同盟城市派來的四個軍團為主，再次組成共八萬人的軍隊，與漢尼拔相對抗。

若漢尼拔要由北方進攻羅馬，共有兩條路徑。一條是縱向切斷義大利半島的亞平寧山山路；另一條則是沿亞得里亞海，經過米蘭街道而橫穿亞平寧山的路線。因此，羅馬分別給兩個統領各配備四萬兵力，令弗拉米尼奧斯把守亞平寧山脈中腹的要衝阿雷佐；令塞維利奧斯把守米蘭街道的要衝艾米利亞，阻擋漢尼拔的通道。如此一來，無論漢尼拔走哪條路，羅馬軍都能相互呼應、進行夾擊，形成萬無一失的陣式。據說，此時的羅馬將領弗拉米尼奧斯認為，這場戰鬥已是勝券在握，還特意準備好供俘虜使用的三萬個足枷腳鏈。

另一方面，漢尼拔則透過精準的情報，獲悉羅馬軍的作戰意圖，但他並沒有上當，反而採取了可以說是異想天開的大膽行動。

在發源於亞平寧山脈，後流入半島西側第勒尼安海的阿爾諾河上游，有一片被稱為西恩納（義大利南部、佛羅倫斯以南）的大沼澤地。漢尼拔決定穿越這片沼澤，進攻羅馬。此處原本就是一片人跡罕見的魔境，此刻又是初春季節，氣候寒冷，加之冰雪融化後，流水大增，漢尼拔的軍隊在此經歷了四天三夜，極其艱難的跋涉。不衛生的環境帶來嚴重的惡疫，很多兵士都病倒了。漢尼拔自己也患了眼疾，失去右眼。然而，他毅然貫徹初衷，毫不動搖，最後，終於帶領部隊成功走出西恩納。

對於漢尼拔之前翻越阿爾卑斯山，如今又突破西恩納的英勇舉動，就連對迦太基採取嚴苛批評的羅馬歷史學家波利比烏斯，也讚賞有加地說：「漢尼拔這位英雄，無論在多麼艱難的情況下，都依然保有冰一般冷靜的判斷力、不屈的精神、貫徹近乎於魯莽之事的毅力。」

漢尼拔以孫子所說的「詐術」，鑽入羅馬人的空隙，來到義大利平原。為了挑釁正佈陣守候在阿雷佐的羅馬軍統領弗拉米尼奧斯，漢尼拔尋找機會，殘暴地掠奪義大利平原，使之一片狼籍後，便南下而去。而完全中了此激將法，十分激憤的弗拉米尼奧斯，立刻離城向漢尼拔追去。漢尼拔將羅馬軍引誘到特拉西美諾湖（Trasimeno）的東岸，在一條夾在湖面與亞平寧山脈的狹窄道路上，分別從前、後、山上三個方面一齊進攻，將其擊潰。四萬羅馬軍中，一萬五千人戰死，兩萬五千人被俘虜，全軍覆沒。同時，得知情況緊急，而翻越亞平寧山脈趕來增援的塞維利奧斯部隊，也遭受到早已埋伏等待的迦太基猛將瑪哈巴爾的阻止，並被擊潰。羅馬人傾注全力的這一場迎擊作戰，就以漢尼拔的單方面勝利告終。

孫子的教誨與漢尼拔的戰例，都顯示出在戰爭中，透過情報活動，掌握敵人的動向，將計就計攻擊其弱點，以少數精銳部隊神出鬼沒地進行戰鬥的重要性。這在競爭十分激烈的企業戰爭中，也是很好的策略之一。

註解

❶ **利德爾．哈特：**英國戰史學家、戰術家。一邊擔任英國泰晤士報記者，一邊研究古今戰史。從《孫子兵法》和布匿戰爭的教訓中，總結出「機動戰」、「裝甲戰」、「間接戰略」這些劃時代的戰略戰術，帶給現代軍事學很大的影響。

神出鬼沒的漢尼拔機動戰

（西元前 218—212 年）

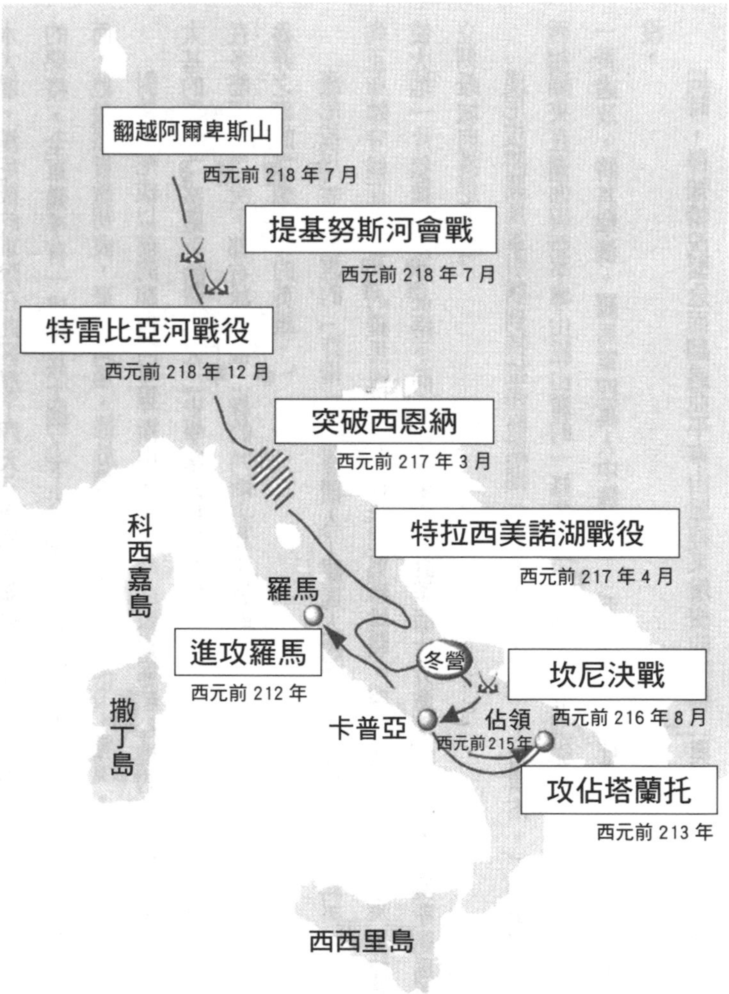

※ 機動戰：在必要時，將精強部隊派遣到需要增援之處進行戰鬥。

二、以佚待勞

故善用兵者，避其銳氣，擊其惰歸，此治氣者也。以治待亂，以靜待譁，此治心者也。以近待遠，以佚待勞，以飽待飢，此治力者也。

孫子觀點——將敵人從遠方引誘過來，藉此消耗其戰力

如果將孫子在本節內所論及的內容，用一言以蔽之，那就是善於作戰者總是不與強大的對手交戰，以避其鋒芒。反而是採取謹慎的態度，等待敵方疲勞、衰弱的時候，戰而勝之。現在，就讓我們試舉一個採用此種「以逸待勞」戰略，對現代戰術展生劇烈影響的實例。

費邊採取的攪擾戰術

羅馬人在漢尼拔翻越阿爾卑斯山後的一年，先後經歷了提基努斯河會戰和特雷比亞河戰役的慘敗，約損失了十一萬人的兵力。他們傾注全力再建軍隊的同時，也任命了費邊．馬克西姆斯為新的獨裁官。新就任的費邊對情勢的判斷是，漢尼拔的軍隊，無論是

孫子守則

以佚待勞

與其慌忙出擊，不如等待敵人衰敗之機

善戰者的辦法

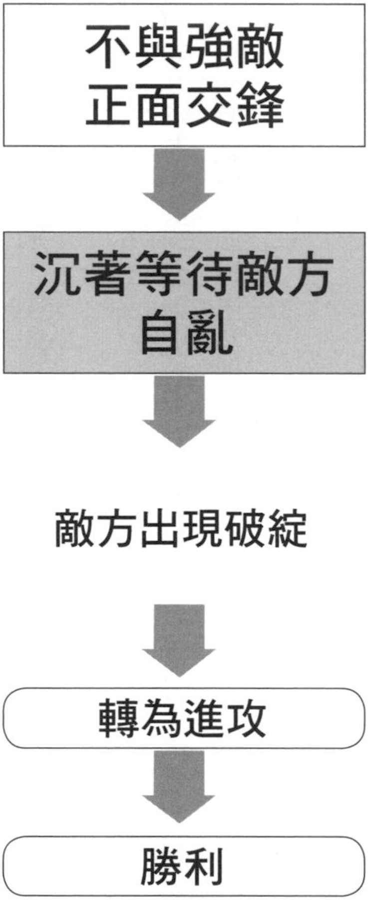

主帥傑出的統率能力，還是士兵的英勇作戰，都是現在訓練不足的羅馬軍所不及的。這在過去三次戰役中，就可以證明。但是，如果仔細觀察的話，就會發現他們有全軍兵力不足四萬、沒有固定根據地、為補充兵力和後勤補給感到苦惱等弱點。與這樣的敵人進行正面作戰是愚蠢之策，最好採用攪擾戰術，等待敵人疲勞、兵力漸減之後，才可致其於死地。因此，費邊採取了徹底的迴避戰術。這種戰術是，間隔一定距離追蹤漢尼拔的部隊，看準機會遊擊式地向其後衛發動攻擊，或徹底破壞其後勤軍需的供給。

這種戰術的成效立刻表現在實際戰役上。攪擾戰術使得漢尼拔夜間無法安心睡覺，糧食也逐漸短缺，他伺機向費邊進行挑戰，但是費邊並不上當，依然繼續堅持遊擊戰術。就在這種戰法令漢尼拔煩惱的苦不堪言、非常惱火的時候，轉機在敵方羅馬軍中出現了。富有尚武風氣的羅馬人，無法接受這種看似消極的戰術，便集體將費邊解職，以新選出的兩名執政官盧基烏斯・埃米利烏斯・保盧斯，以及蓋烏斯・特雷恩蒂烏斯・瓦羅替代他。而後，羅馬人重新對漢尼拔展開積極進攻的戰術，迎來了命中注定的悲劇——坎尼決戰。

這個古羅馬完全不接受的費邊戰術，卻是後世確立為「拖敵戰術（費邊待機戰術）」的優秀戰略，深深影響全世界的軍事學。之後，積極採用此種戰術的有：蘇聯在北方戰爭中的彼得大帝、在拿破崙戰爭中的亞歷山大一世、在第二次世界大戰中的史達林。他們都是採用此種費邊拖敵戰術，消耗侵入到自身領土腹地的敵方優勢兵力，最終獲得勝利。

另外，費邊戰術也被應用於政治領域，強調改革事物應避免急遽變化，應根據現狀循序漸進以圖改善，甚至還有一個「費邊協會」（西元一八八四年在倫敦成立，主張用緩進的方法實現社會主義），都對西歐的現代化做出極大的貢獻。英國兩大政黨之一的勞動黨，就是以費邊協會作為母體而產生。

表面消極的費邊戰術

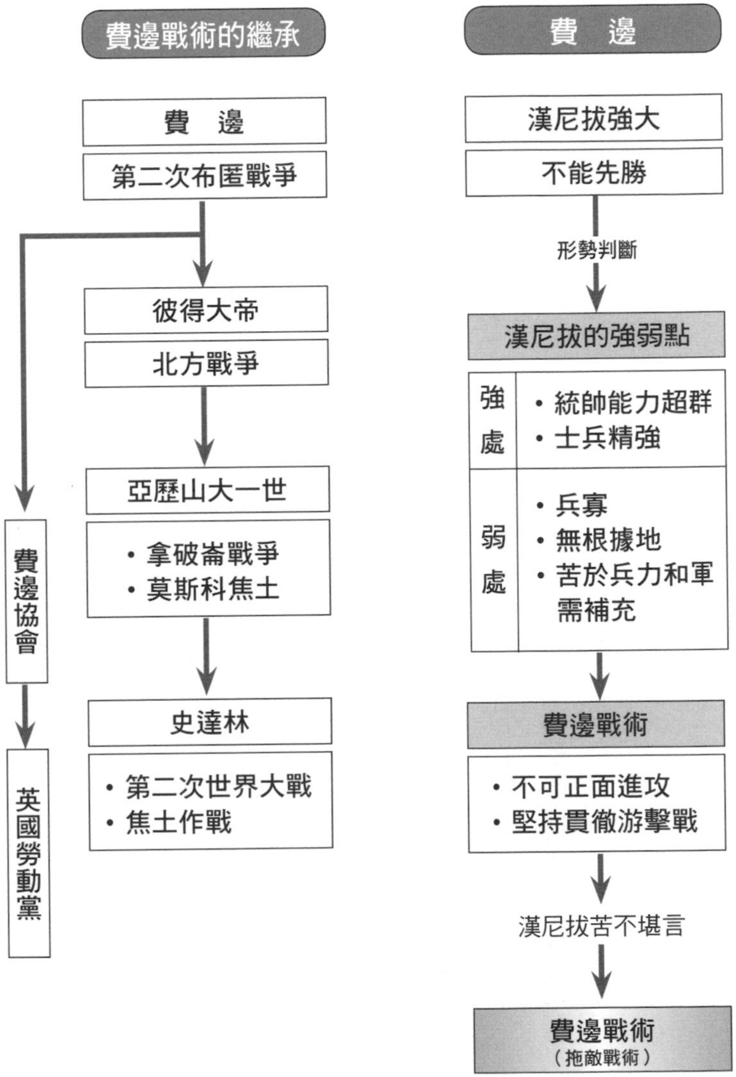
費邊戰術的繼承
費　邊
第二次布匿戰爭
彼得大帝
北方戰爭
亞歷山大一世
・拿破崙戰爭
・莫斯科焦土
史達林
・第二次世界大戰
・焦土作戰
費邊協會
英國勞動黨
費　邊
漢尼拔強大
不能先勝
形勢判斷
漢尼拔的強弱點
強處
・統帥能力超群
・士兵精強
弱處
・兵寡
・無根據地
・苦於兵力和軍需補充
費邊戰術
・不可正面進攻
・堅持貫徹游擊戰
漢尼拔苦不堪言
費邊戰術
（拖敵戰術）

九變篇

一、智者之慮，必雜于利害

是故智者之慮，必雜于利害，雜于利而務可信也，雜于害而患可解也。

孫子觀點——**有智慧的人，會兼顧利、弊兩方面的因素**

有智慧的人，在做任何事的時候，一定會將有利的和不利的因素綜合在一起，加以考量。因為將有利和有害的兩方一併考慮，就容易成功。如果按照現代的觀點來說，這一節，孫子所講的就是，在進行任何計劃時，都應當充分考慮利害得失，選擇最適當的方法去執行。

皮洛士的愚蠢勝利

西元前三世紀末，羅馬軍征服了義大利北部後，又將鋒芒指向了被稱為「大希臘」

孫子守則

智者之慮，必雜于利害

➔ 有智慧的人會同時考慮優、劣兩面

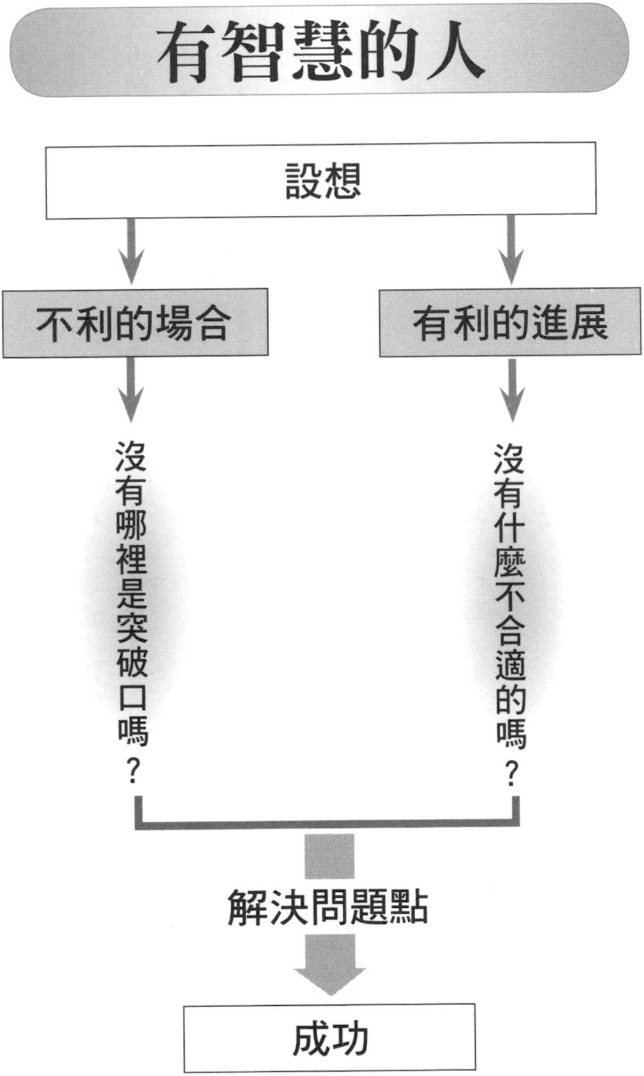

的南義大利希臘殖民城市。西元前二八〇年，不堪忍受羅馬人壓迫的南義大利，其中最重要的城市塔蘭托，向本國的一個希臘屬國伊庇魯斯（Epirus）國王皮洛士❶求救。伊庇魯斯，其實就是亞歷山大大帝❷的母親，著名女傑奧林匹亞絲的出身之地。伊庇魯斯國王皮洛士，自稱是亞歷山大的後裔，是一位率領強大軍隊，爭戰各地的傳奇人物。

羅馬軍與皮洛士軍雙方，在義大利半島南部的埃拉普利亞平原上發生激戰。皮洛士軍隊憑藉著騎兵、戰象的機動攻擊力，和馬其頓方陣的衝擊力，徹底打敗了羅馬軍團，取得全勝。據說，在這場戰役中，皮洛士對羅馬士兵的勇猛感到十分吃驚，感嘆地說：「如果我有一個羅馬兵士組成的軍團，那征服世界也不是夢想了吧！」

西元前二七九年，雙方再次於奧斯庫爾莫發生戰鬥，皮洛士又再度取得勝利，但也損失慘重，勇將猛卒幾乎喪盡。皮洛士長嘆一聲，說：「如果再次與羅馬人交戰，我就得要失去全軍，隻身一人回國了。」從此之後，西歐人便把「代價高昂的勝利」和「不合成本的勝利」，稱為「皮洛士的勝利」。

在這之後，皮洛士為了解救在迦太基的殘酷統治下，痛苦不堪的希臘殖民城市敘拉古（Siracusa，位於西西里島東南部），而奔赴戰場。於西元前二七五年，與羅馬軍展開第三次大戰，也就是「貝內文托（Benevento，位於義大利南部）大戰」。在經過與皮洛士軍的兩次交戰後，羅馬人已經逐漸找到對抗皮洛士軍的戰術。這一次，羅馬軍運用火弓箭、投石機，反擊皮洛士軍引以為傲的戰象、騎兵部隊。結果，皮洛士軍被打得落花流水。全軍覆沒的皮洛士，正如他先前所說的，隻身一人逃回本國。

其實，無論是戰爭還是企業經營，損耗都是不得已的，「勞多而功少」的賠本生意絕對要避免。

註解

❶ **皮洛士：**希臘伊庇魯斯國王，後來成為敘拉古國王及馬其頓國王，是希臘化時代著名的將軍和政治家。皮洛士是早期羅馬共和國稱霸義大利半島時，最強大的對手之一。

❷ **亞歷山大大帝：**馬其頓的亞歷山大三世，世稱亞歷山大大帝，古希臘北部馬其頓國王。出生於佩拉，直到十六歲為止，一直由亞里斯多德任其導師。三十歲時，創立歷史上最大的帝國之一，其疆域從愛奧尼亞海一直延伸到印度河流域。亞歷山大大帝的一生未嘗敗績，被認為是歷史上最成功的軍事統帥之一。

不合成本的勝利

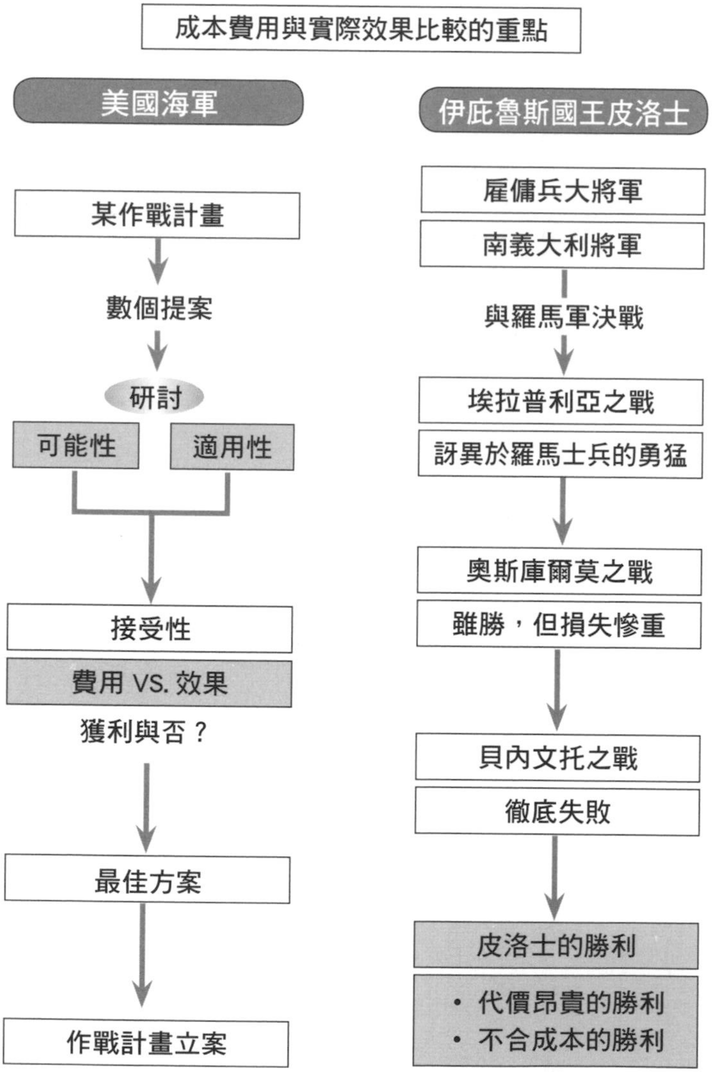
成本費用與實際效果比較的重點
美國海軍
某作戰計畫
數個提案
研討
可能性
適用性
接受性
費用 VS. 效果
獲利與否？
最佳方案
作戰計畫立案
伊庇魯斯國王皮洛士
雇傭兵大將軍
南義大利將軍
與羅馬軍決戰
埃拉普利亞之戰
訝異於羅馬士兵的勇猛
奧斯庫爾莫之戰
雖勝，但損失慘重
貝內文托之戰
徹底失敗
皮洛士的勝利
• 代價昂貴的勝利
• 不合成本的勝利

二、必死可殺也，必生可虜也

故將有五危，必死可殺也，必生可虜也，忿速可侮也，廉潔可辱也，愛民可煩也。凡此五者，將之過也，用兵之災也。覆軍殺將，必以五危，不可不察也。

孫子觀點

堅持死拚，會被敵人誘殺；一味貪生，會淪為戰俘

孫子在此節中提到，將軍容易陷入的五種陷阱。不懂策略而殊死赴敵者，可殺；貪生而只考慮生命者，可俘；性急可輕侮而沒有欲求者，可玷辱；自視廉潔者，可污衊、羞辱；姑息士兵者，會招致煩惱。在帶領軍隊時，如果沒有充分留意這五個陷阱，軍中主將就會因敗而死。當然，這也是可以與現代企業管理相呼應的警語。

以下，列舉一個「必死可殺」的軍事行動例子，就是日本巨型戰艦「大和號」❶臨終之前參加的水上特攻行動。

完全沒有勝算卻冒然出擊的軍事行動

在沖繩攻防戰正打得水深火熱之際，西元一九四五年四月五日午後，日軍第二艦隊

必死可殺也，必生可虜也

➔ 殊死搏鬥者，可殺；只考慮存活者，可俘虜

將軍容易陷入的五種陷阱

① 必死──可殺

② 必生──可俘虜

③ 性急──可輕侮

④ 廉潔──可玷辱

⑤ 愛民──勞苦

↓

將軍的過錯

↓

用兵上的障礙

↓

敗軍

↓

芥蒂

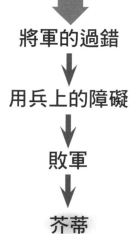

司令長官伊藤整一❷中將，在沒有得到任何事先通知的情況下，忽然收到聯合艦隊司令長官下達的命令：「由大和號、第二水雷戰隊編組而成的海上特攻隊，六日出擊豐後航路，八日黎明攻進沖繩，殲滅敵方艦隊。」

在此處介紹一下這邊所提到的第二艦隊，日軍第二艦隊是由巨型戰艦大和號（指揮艦）、第二水雷戰隊，以及輕型巡洋艦「矢矧號」和八艘驅逐艦，共計十艘船艦所組成。這次軍事行動正是這個世界之冠的聯合艦隊，最後的窮途末路。

而敵方，則是由美軍智將史普魯恩斯大將率領第五艦隊，光是其高速航母機動部隊的第五十八機動部隊，就有十七艘航空母艦，另外，還要再加上四艘英國海軍的航空母艦。而且，還不包括有著大批護衛部隊的水陸兩棲戰部隊。無論如何設想，日軍都不是美軍的對手。

對此，日本第二艦隊感到十分緊張。沒有飛機護援的水上部隊，清楚知道此次戰鬥會像雷伊泰灣海戰一般，一敗塗地。對於第二艦隊的強烈反對，聯合艦隊司令部指派了正在鹿屋基地協商作戰的參謀長草鹿中將、作戰參謀三上中校，前去說服他們。然而，令人吃驚的是，掌握著聯合艦隊軍事行動中樞的這兩個重要人物，對於此次的軍事行動竟然事先完全不知情。

草鹿中將努力地懇求第二艦隊的司令長官，他說：「請答應擔任日本一億軍民的先鋒吧！」對於這一番話，司令長官伊藤中將也只好勉強同意了，他說：「是嗎？我明白了。」如此一來，便決定了「大和號」在內的十艘艦船最後的出擊。

六日，「大和號」在內的水上特攻部隊，在德山海軍燃油廠補充燃料後，傍晚便出擊豐後水道❸，一路奔向沖繩。有後人研究認為，此次出擊供應的燃油只有單程用量，根本不足以支撐艦隊平安返回。不過，後來調查德山海軍燃油廠的油罐，證實「大和號」、「矢矧號」裝了三分之二，八艘驅逐艦也裝滿了油。

有研究報告指出，這次水上特攻第二艦隊的行動，受到美軍 B-29 型飛機從空中長時間監視，還有守候在航線上的潛水艇監視。

次日，七日正午開始，日軍第二艦隊受到美軍第五十八機動部隊，合計兩波，共四百架飛機的攻擊。首先是巡洋艦「矢矧號」沉沒，到了下午兩點，「大和號」也被九顆魚雷、三顆炸彈擊中爆炸，伴隨它們的四艘巡洋艦也葬於海底。此次水上特攻軍事行動宣告失敗。

死於這次行動的，包括伊藤中將、「大和號」艦長有賀大校等，共計三百七十二人。顯而易見的，這是一次徒勞無功的戰鬥。孫子說：「必死可殺也。」若按照現代說法，這是一次軍事合理性等於零的行動。那麼，這種毫無勝利把握的軍事行動，究竟是如何被決定要執行的呢？

當時，為了配合沖繩陸軍第三十二軍的總攻擊，海軍制定了特攻行動「菊水一號作戰計劃」。就在軍令部總長及川古志郎大將，將計劃稟奏給大元帥❹昭和天皇時，天皇問道：「只有航空部隊參加嗎？」由於是隨機應變的臨時應答，及川古志郎大將便隨口說：「海軍也將投入全力支援作戰。」話一出口，便再也無法收回了。為此感到棘手的及川總長，透過副總長小澤中將向聯合艦隊司令長官豐田大將哀求。於是，這次的軍事行動便在倉促之間決定了。

事實上，策劃此次軍事行動的，應是身為指揮中樞的軍令部作戰部長富岡少將、聯合艦隊司令部參謀長草鹿中將、作戰參謀三上中校，以及執行任務的第二艦隊。可是，當時就連司令長官在內，全部沒有參與決定的過程，可見決定的荒唐和草率啊！

日本海軍在應冷靜對待的殘酷戰場上，摻雜了情感、面子、人際關係等人為因素，這樣的代價便是導致「大和號」的毀滅出擊。

註解

❶ **大和號：**日本海軍引以為傲的巨型戰艦。為集結當時日本最高的技術而建成，基準排水量是六萬四千噸，配有九門口徑四十六釐米的大炮，航速為二十七節。

❷ **伊藤整一：**日本帝國海軍將官，曾任第二艦隊司令長官、日本駐滿州國海軍武官等職。出生於福岡縣的一個普通家庭。西元一九四五年四月七日，於第二艦隊指揮艦大和號沉沒時，戰死。

❸ **豐後水道：**日本九州大分縣，與四國愛媛縣之間的海峽，南接太平洋，北接瀨戶內海，西為大分縣，東為愛媛縣。最窄處被稱為豐予海峽，僅有十四公里寬，是日本漁業的重要漁場。

❹ **大元帥：**日本從帝國時代起，一直到帝國崩潰期間的最高軍階。僅被授予作為日本帝國國家元首和軍隊總司令的三位日本天皇，分別是睦仁、嘉仁、裕仁。

草率決定的第二艦隊出擊行動

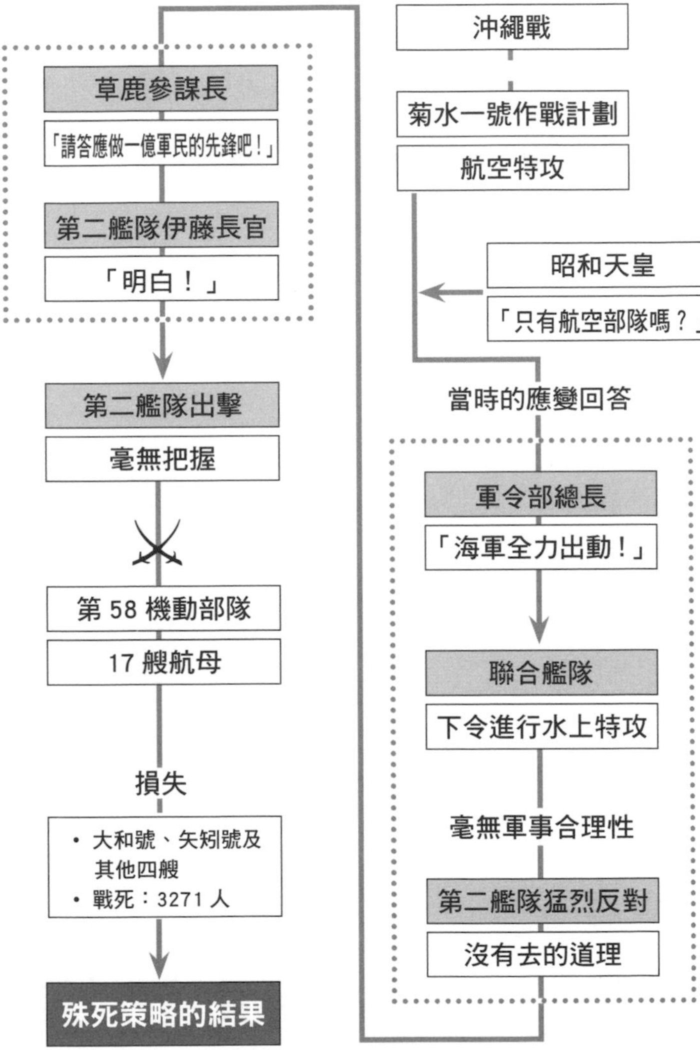
沖繩戰
菊水一號作戰計劃
航空特攻
昭和天皇
「只有航空部隊嗎？」
當時的應變回答
軍令部總長
「海軍全力出動！」
聯合艦隊
下令進行水上特攻
毫無軍事合理性
第二艦隊猛烈反對
沒有去的道理
草鹿參謀長
「請答應做一億軍民的先鋒吧！」
第二艦隊伊藤長官
「明白！」
第二艦隊出擊
毫無把握
第 58 機動部隊
17 艘航母
損失
• 大和號、矢矧號及其他四艘
• 戰死：3271 人
殊死策略的結果

三、君命有所不受

途有所不由，軍有所不擊，城有所不攻，地有所不爭，君命有所不受。

孫子觀點——在特定的狀況下，可以不遵從君王的命令

就像有不能走的路、不能攻打的敵軍、不能攻佔的城池、不能奪取的土地一樣，根據時間和場合的不同，有時也可以不遵從君王的命令。但是，如果武斷地解釋這句話，那就可能會失去紀律秩序。所以，關鍵是特定的時間和場合。那麼，特定的時間和場合是指什麼呢？以下，試舉一個世界三大海軍司令之首霍雷肖．納爾遜❶（Nelson）獨斷專行的例子來說明。

獨斷專行的納爾遜

納爾遜是一位在保守派佔優勢的英國海軍中，以獨立不羈、果斷勇猛的作戰風格而嶄露頭角的風雲人物。在拿破崙戰爭中，英國抗擊法國的海戰，納爾遜到場參戰，他以天生的直覺和豪情膽識，靠著計算詳盡的戰術，果斷地作戰，帶領英國海軍走向無數次

孫子守則

君命有所不受

➔ 根據時間場合，允許適當地獨斷專行

君王的命令

↓

鐵則是遵從

＝

不過，
應視不同的時間和場合而定

↓

不服從，以自己的責任心和
判斷而行，靈活地處理問題

＝

獨斷專行

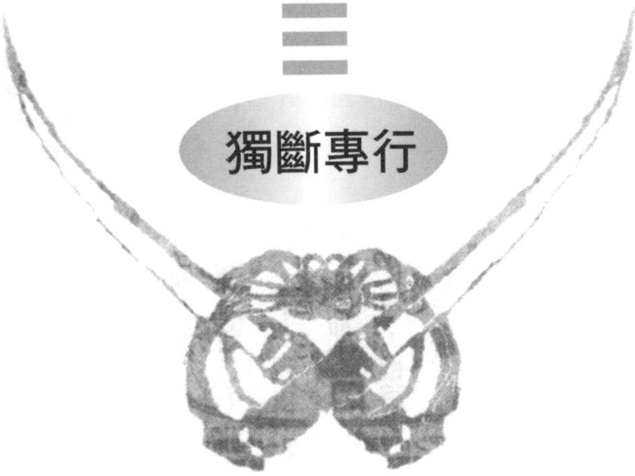

的勝利。而在這次的哥本哈根戰役中，他也盡情地發揮了豪毅的性格。

西元一八〇一年初，英國海軍最關心的大事，就是站在中立立場的俄國、丹麥、瑞典等波羅的海沿岸諸國海軍的動向。如果這些有實力的海軍倒向法國，那麼英國海軍的制海權就有可能在一夜之間發生逆轉，危及國家的存亡。因此，作為國際法上「緊急避難」的措施，英國人決定殲滅最有實力的丹麥艦隊。英國任命海德・帕克為司令長官，派遣其率領由五十艘大小船艦組成的隊伍，奔赴哥本哈根港。

同年三月，進入波羅的海的帕克長官，交給副將納爾遜十數艘船艦，命令他攻擊停泊在哥本哈根港的丹麥艦隊。四月一日，抵達哥本哈根港的納爾遜，開始向二十餘艘丹麥艦隊的船隻發起進攻，但是，卻遭到了海岸炮臺的猛烈還擊，從而陷入苦戰。判斷戰況不利的帕克長官，透過信號旗向納爾遜發出「停止進攻並撤退」的命令。

然而，充滿豪情壯志，不管損失多少船艦也不會停止進攻的納爾遜，對這個信號感到非常憤怒。他將曾在科西嘉島登陸行動中失去了的右眼，貼在望遠鏡上，謊稱：「我沒看見信號。」然後下令繼續進攻，最終將丹麥艦隊和陸上炮臺殲滅。這就是納爾遜貫徹「君命有所不受」，獨斷專行而取得的勝利。

「獨斷專行」在一般來說，是指不服從上司的指示和命令，或組織的紀律，做事隨心所欲。事實上，日本的海軍也非常鼓勵獨斷專行，他們要求在海面上的軍事行動，都應根據天象、氣象及敵軍的動態等變化，不斷隨機應變。有時候，如果每件事都等待上司的指示，那麼無論如何按部就班地照表操課，都是不妥的。

因此，如果你能斷定「如果是上司的話，他也會這樣做」、「儘管與上司的想法相反，可是這樣做就能取勝」，那就以自己的責任心，堅定地實行自己的決定。失敗的話，就由自己承擔責任。這就需要從平時就注意加強與上司的溝通，再做出正確的判斷，且擁有堅定不移的實行能力。這就是「獨斷專行」。

註解

❶ **納爾遜：**英國海軍司令。與美國海軍的約翰．波爾．瓊斯、日本海軍的東鄉平八郎，並稱為世界三大海軍司令，居其首位。在特拉法加（Trafalgar，屬西班牙）海戰中，殲滅了法國與西班牙的聯合艦隊，從拿破崙手中挽救英國。

鼓勵「獨斷專行」的行為

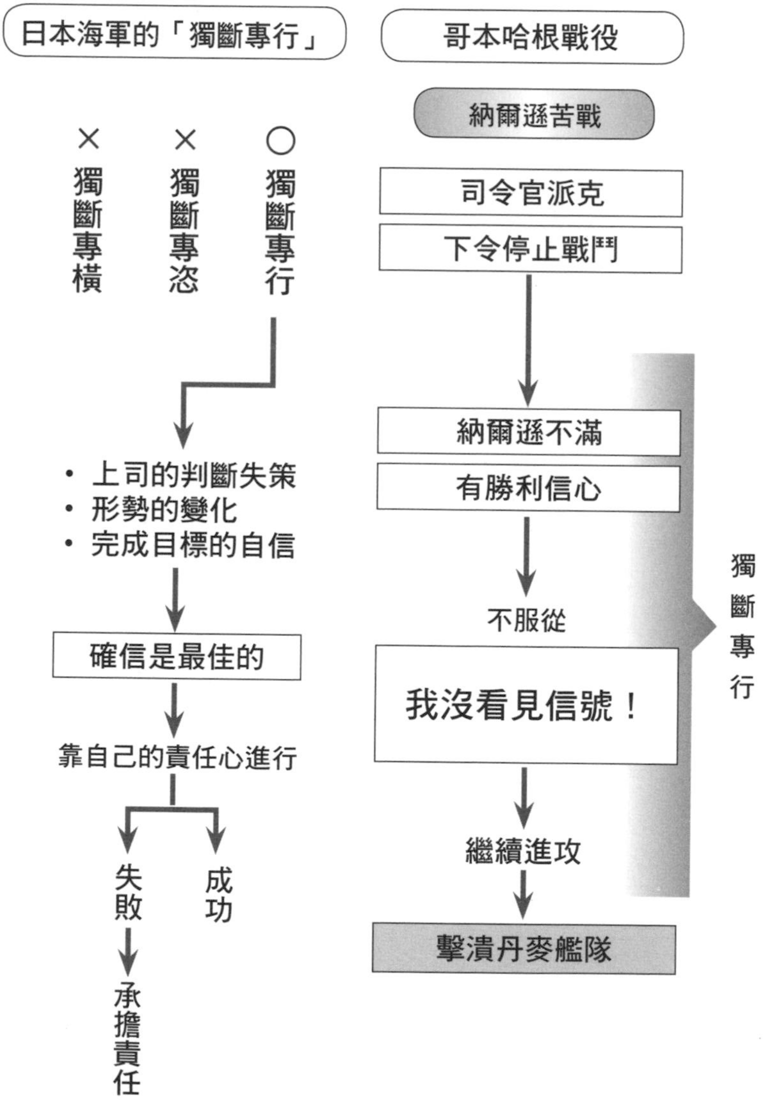

日本海軍的「獨斷專行」
×獨斷專橫
×獨斷專恣
○獨斷專行
・上司的判斷失策
・形勢的變化
・完成目標的自信
確信是最佳的
靠自己的責任心進行
失敗
成功
承擔責任
哥本哈根戰役
納爾遜苦戰
司令官派克
下令停止戰鬥
納爾遜不滿
有勝利信心
不服從
我沒看見信號！
繼續進攻
擊潰丹麥艦隊
獨斷專行

第三章

孫子的意志

● 始計篇　● 作戰篇　● 火攻篇

● 行軍篇　● 用間篇

始計篇

一、兵者，國之大事

兵者，國之大事，死生之地，存亡之道，不可不察也。故經之以五事，校之以計，而索其情……主孰有道，將孰有能，天地孰得，法令孰行，兵眾孰強，士卒孰練，賞罰孰明，吾以此知勝負矣。

孫子觀點

戰爭是國家的重要大事，不可輕率決定

孫子在此節中教導我們「兵者，國之大事」，即體認到戰爭是關係到國家興亡、國民存亡的重要大事。在決斷時要分析、檢討有關的各種條件和要素，再依據分析的結果，比較自己與對手的強弱，謹慎地得出最終結論。接下來，我們將舉例一國最高領導者在困難之際，遵從孫子的教導做出決斷，而沒有誤國的實例。

孫子守則

兵者，國之大事

戰爭是國家的重大之事，必須謹慎為之

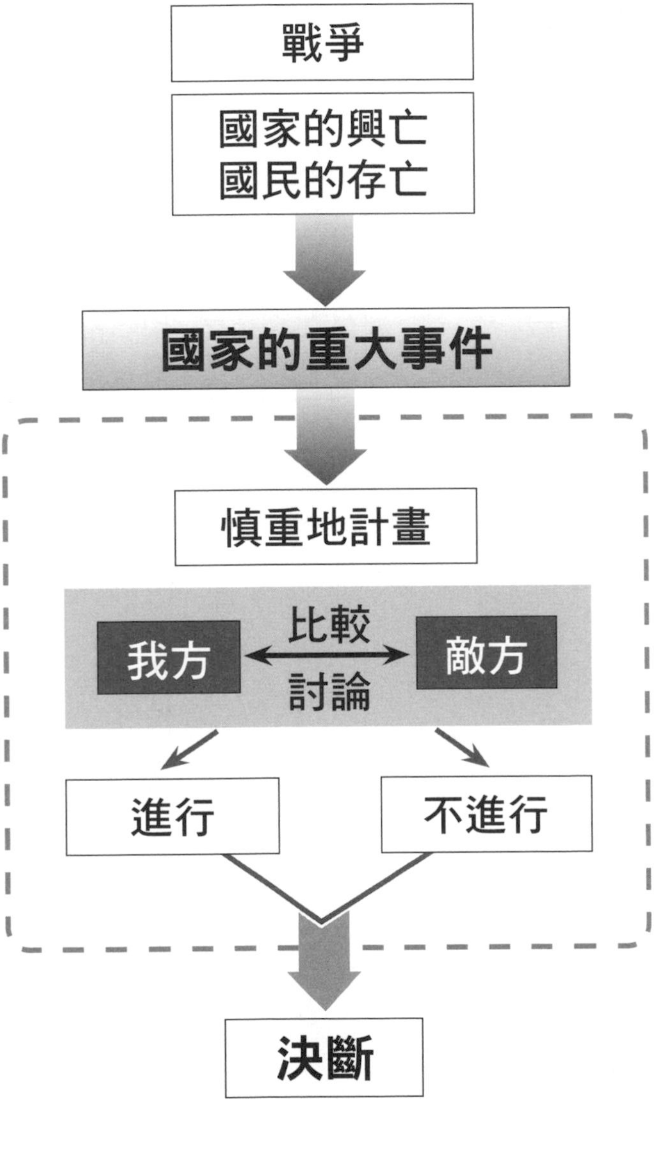

孫子之道挽救了日本明治時期的領導者們

明治以後，開始逐漸步入現代國家的日本，所面臨的第一場試煉，即是與清朝政府展開的甲午戰爭❶（西元一八九四年—西元一八九五年）。這場戰役關係到朝鮮半島的統治權，以及日本的國防與市場。

戰況與列強各國預想的相反，在海、陸軍兩方面都是日本軍隊屢戰屢勝，最終以清朝政府乞和為結局。以如下條件講和：

一、朝鮮的完全獨立。

二、割讓遼東半島

三、割讓臺灣全島、澎湖列島。

四、支付兩億白銀的賠償金。

五、開放沙市、重慶、蘇州、杭州為通商口岸。

六、保護性佔領潘陽、威海衛。

然而，問題由此產生。在《馬關條約》簽字的六天後，也就是西元一八九五年四月二十三日，俄國、德國和法國的駐日公使便訪問了日本外務省，各自遞交本國的備忘錄。備忘錄中提到：「若遼東半島歸日本所有，不僅會危及清朝國都的安全，同時也會使朝鮮的獨立有名無實，將對未來遠東的永久和平產生阻礙。」三國紛紛要求日方，將割讓的遼東半島領土歸還清政府。同時，俄、德、法三國的艦隊也向遠東集結，進行恫嚇，這就是所謂的「三國干涉」。

日本朝野對三國的不講理要求感到驚愕和激憤。同一天，當時的首相，也就是全權負責此次馬關會談的伊藤博文，將海陸軍首腦召集到大本營廣島，徵求眾人的意見。陸軍大臣山縣有朋代表陸、海軍回答：「現在的陸、海軍，沒有與這些列強硬碰硬的實力。」同時，以「快刀」著稱的外相陸奧宗光❷則提出，應儘快和駐日的三國公使交涉，使三國撤回這些要求。結果，俄、德、法三國當然沒有接受。日本又透過仲介，請英、美兩國出面調解，但他們也各自保持中立，不為所動。

對於此番軍事、外交都處於劣勢的狀態下，日本只好接受三國干涉所提出的要求，將遼東半島還給清政府。作為歸還的代價，又接受了清政府追加的償金三千萬兩。

耽誤國家大事的日本昭和時期領導者們

再說到昭和十六年（西元一九四一年）十月，在日本決定向美國開戰的五相（部長）會議上，全體成員提出：「如果連海軍都反對開戰，那就不要和美國打仗了。」但是，海軍大臣及川古志郎大將卻好像事不關己，他說：「海軍方面當然不希望打這場戰爭，但是既然御前會議已經做出決定，現在再說不能打也於事無補。是和，是戰，就交給總理來決定吧！」採取迴避責任的態度。一方面知道開戰即會亡國，但另一方面卻又迎合時代潮流，而決定開戰，最後導致國家敗亡。

明治與昭和時期領導者們之間的差距，可以說是有天壤之別。前述明治時期領導者們的這番作為，產生了極其重大的影響。首先是，俄國人鋪設了將西伯利亞鐵路與其在遠東的根據地——海參崴（Uladivostok）相連結的日清鐵路，接著又租借了日本退還的遼東半島前端城市旅順、大連，並在旅順建設東洋最大的軍港。德國人也仿效俄國，租借膠州灣一帶，法國也租借南方的東京灣一帶，甚至連英國人也強租了正在日本保護佔領之中的威海衛。

對於這些欺人太甚的舉動，日本選擇忍耐。所幸，日本從清帝國得到了兩億三千萬兩的賠償金，遠遠超過日本三年以上的國家預算。在那之後，日本以「打倒俄國」為口號，以這些賠償金進行軍備擴充。日本國民也紛紛共體時艱，陸軍同意將預算優先讓給正面對抗俄國的海軍，國家官員也各自捐出其俸祿的一成。

經過十年的臥薪嘗膽後，日本控制了滿洲（中國東北部），並在與俄國進行的日俄戰爭（西元一九〇四年－西元一九〇五年）中，爭戰到底，一躍而成東亞和東南亞的最強國。以伊藤博文為首的明治時期領導者們，冷靜而富有勇氣的決斷，不會為了迎合一時的潮流和摻雜感情，他們正確地判斷形勢，不誤「國之大事」，這正是孫子在本節所教導我們的重要概念。

註解

❶ **甲午戰爭：**是大清和日本在朝鮮半島、遼東、山東半島及黃海等地進行的一場戰爭，最終大清戰敗，並於西元一八九五年和日本簽訂《馬關條約》。戰爭的勝利，使得日本有了安全保障的同時，也能確保養育爆炸性人口增長的市場，並一躍成為世界強國。

❷ **陸奧宗光：**日本明治時代的政治家和外交官，有「剃刀大臣」的外號。紀州藩出身，年輕時加入海援隊，受阪本龍馬的薰陶。出任第二次伊藤博文內閣之外交大臣，負責與英國簽署《日英通商航海條約》，成功廢除西方國家在德川幕府時期，對日本所訂下的不平等條約與治外法權。中日甲午戰爭時，他主張與中國一戰，史稱「陸奧外交」。西元一八九五年，他與伊藤作為日方代表，與中國清政府簽署《馬關條約》。

三國干涉和日本的反應

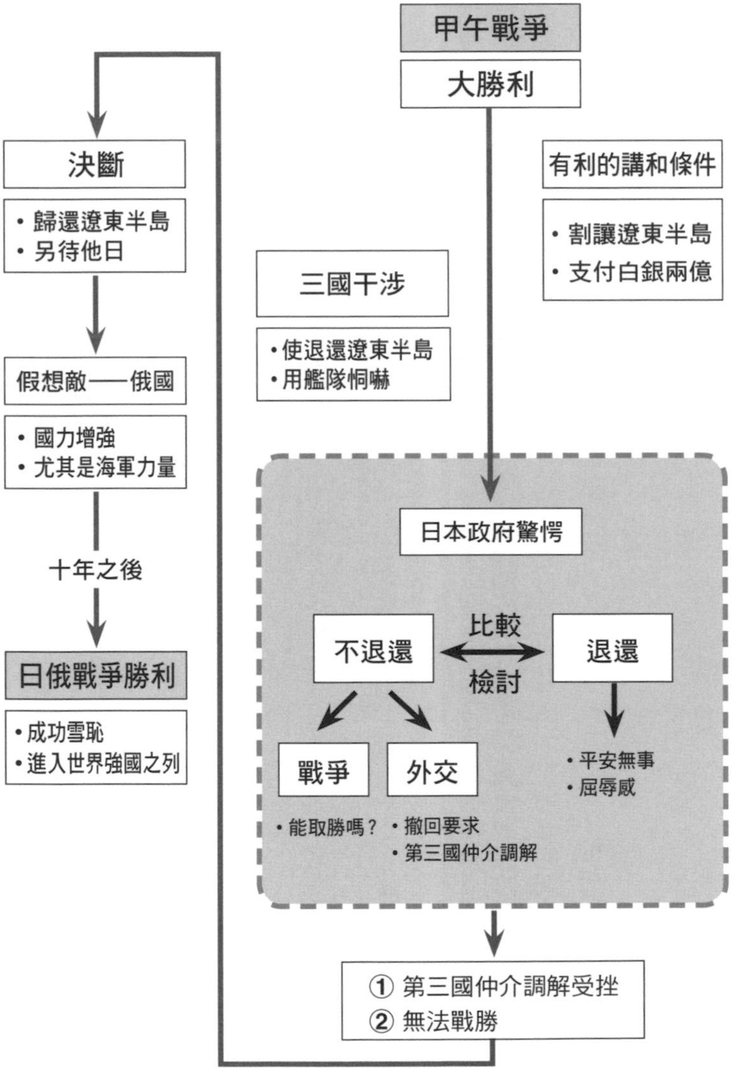
甲午戰爭
大勝利
有利的講和條件
• 割讓遼東半島
• 支付白銀兩億
三國干涉
•使退還遼東半島
•用艦隊恫嚇
日本政府驚愕
不退還
比較
檢討
退還
戰爭
外交
• 能取勝嗎？
• 撤回要求
• 第三國仲介調解
• 平安無事
• 屈辱感
① 第三國仲介調解受挫
② 無法戰勝
決斷
• 歸還遼東半島
• 另待他日
假想敵——俄國
• 國力增強
• 尤其是海軍力量
十年之後
日俄戰爭勝利
•成功雪恥
•進入世界強國之列

二、將不聽吾計，用之必敗

將聽吾計，用之必勝，留之；將不聽吾計，用之必敗，去之。

孫子觀點

如果任用不服從君王旨意的將軍，那麼戰爭必定失敗

這一節，如字面上的意思，可以說是一句簡潔地表達出，在企業界的上司和部下間應有關係的名言。將軍能否充分地理解君王的計策、策略，體現其旨意去行動，是決定勝負的關鍵。

也就是說，遵從旨意者，留任、起用；違反旨意者，應當解任。如果將軍充分地理解君王的計略而出陣，那麼其軍隊之勢便會大增，遇到戰鬥就可根據情勢隨機應變地進行相應的處理，最終順利取得勝利。

在歷史上，就有一例與孫子的這一教導正好一百八十度相反，最終吃下敗仗，成為傾覆國運的事例。那就是中途島海戰中，聯合艦隊司令長官山本五十六大將，和作為航母機動部隊指揮官的第一航空艦隊司令長官南雲忠一❶中將的關係。

暴露日本海軍極限的中途島海戰

南雲中將在海軍中，原是個研究水雷的專業人員，對航空戰很不熟悉，只不過是因為論資排輩、按軍齡長短升遷此種日本海軍的惡習，才升到了如今的職位。他在攻打珍珠港時，違背山本大將要將美國海軍打得落花流水的命令，在剛剛進行第一次攻擊，擊潰了美軍太平洋艦隊主力後，就放棄炸毀港口工廠中，裝有四百五十萬桶石油的油罐，早早地離開戰場。這番舉動，就引起山本大將的不悅。

南雲中將在奔赴珍珠港的途中，對參謀長草鹿龍之介少將抱怨：「我答應了一件苦差事啊！當時就該堅決不答應的，這場戰役還能順利地打下去嗎？」這哪裡有根據上司山本大將的意旨，積極地採取行動呢？

西元一九四二年四月，南雲部隊結束南方的軍事行動，返回日本。等待著南雲部隊的新任務是領軍奔赴中途島，參加中途島軍事行動。這一行動是山本大將計劃的，因為以海爾賽機動部隊為代表的美國航母機動部隊，當時正在頻繁地活動，令山本大將感到非常棘手。他不顧軍令部的強烈反對，堅持要進行此項行動計劃。他的作戰構思是攻佔美國太平洋艦隊的最前沿基地中途島，擊毀前來救援的美國航母機動部隊。也就是說，這次作戰的主要目標是航母機動部隊。

中途島海戰當天，六月五日早晨，攻擊隊的一百零八架飛機，從中途島西北二百五十海浬處起飛，不顧美軍方面的猛烈還擊，成功地攻擊該島。然而，悲劇由此開始。接到攻擊隊指揮官友永大尉發來的「需要第二次進攻」報告的南雲司令部，撥用了山本大將嚴令待命不動，用於反機動部隊作戰的一百零八架飛機，下令將飛機上的反艦用武器，更換為反陸上用炸彈，嚴重違反軍令。

就在好不容易花費了兩個小時更換武器後，偵察機又送來「發現敵方艦隊」、「敵方有航空母艦隨行」的報告。在此之前，南雲司令部原本一直認為敵方不會有航空母艦出現，因此感到十分驚慌。而且，第一批攻擊隊的飛機正一架接一架地飛回來，究竟該怎麼辦呢？

從結果來說，南雲中將應當停止讓第一批攻擊隊的飛機返航，立即讓做好準備的一百零八架飛機，原封不動地攜帶著陸用炸彈，去攻擊敵人的機動部隊。然而，南雲中將採取的辦法卻是：

一、讓第一批攻擊隊飛機返航。

二、將反陸上用炸彈再次換回反艦船用魚雷。

經過兩個小時異常混亂的更換裝備作業後，就在作業完成，「赤誠號」上的第一架飛機準備起飛之時，從天空的雲縫中，落下了美軍艦載飛機投下的炸彈，日軍艦船紛紛被炸彈擊中。剎那間，航空母艦「赤誠號」、「加賀號」、「蒼龍號」都燃起大火，成為一片火海。雖然日軍英勇抗擊，擊毀了敵方航空母艦「約克城號」，但是，中途島海戰還是以日本一方的慘敗，畫上句點。

日本的損失如下：

一、包括航空母艦「赤誠號」在內，共四艘航空母艦及巡洋艦「三隈號」沉沒。

二、喪失約三百三十架飛機，約一百名飛行員戰死。

美國的損失如下：

一、航空母艦「約克城號」及一艘驅逐艦沉沒。

二、喪失約一百八十架飛機。

這次敗北，使得日本海軍停止攻勢，不得不以守勢進行下一次的瓜達康納爾島（Guadalcanal）攻防戰。如果南雲中將完全理解山本大將的方針，按照他的意志去行動，就不會將反機動部隊用的一百零八架飛機，轉用於陸上進攻。即使轉用了，不是也可以在發現有敵方航母隨行時，就立刻使用炸彈嗎？

值得一提的是，美國海軍對上下的作戰思想統一❷，是極其嚴格的。這被定義為

「使命」＝「目的」＋「任務」

＝「上級指揮官的目標」＋「任務」

＝「為了給上級指揮官完成任務做出貢獻，而完成自己所接受的任務」

不理解且不實行山本大將意旨的，是南雲中將。而明知這一點，卻沒有採取任何措施的，是山本五十六。這就是一場缺乏組織管理的日本海軍們，自身極限的戰爭。

註解

❶ **南雲忠一：**因馬虎大意和優柔寡斷，在中途島海戰中徹底失敗。作為新編第三艦隊司令長官，在南太平洋戰爭中也沒有取得勝利。之後，作為中部太平洋艦隊司令長官，指揮塞班島攻防戰，最後戰死，死後升為大將。

❷ **作戰思想統一：**在美國海軍中，在接受了上級指揮官下達的作戰計劃後，會透過「使命的分析」，分析、檢討上級指揮官期望自己做什麼？再來，那自己應該做什麼？經過若干次反饋，以期萬無一失。

背景、情勢

○聯合艦隊司令長官山本大將
「中途島行動計畫」
攻佔中途島 →

擊潰出現的美軍航母機動部隊

○日本海軍內部意見對立

天　皇
（大元帥）
↓
軍令部　強烈反對 vs. 勉強同意
（永野元帥）→「攻佔中途島」
↓
聯合艦隊　豁出職務，堅持主張
（山本大將）→「擊敗敵方航母機動部隊」
↓
第一航空艦隊 → 不理解山本大將的真意
（南雲中將）

「攻佔中途島」
「擊敗機動部隊」→ 目標不同

※ 各有各的主張是造成悲劇的最大原因。

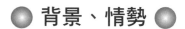

如果你是中途島海戰的司令官

作戰經過

昭和 17 年 6 月 4 日（西元 1942 年）	
早晨 4 時 30 分	中途島攻擊隊（108 架飛機）起飛 7 架偵察機起飛（利根 4 號延遲） 108 架飛機待命→山本大將的嚴令
早晨 5 時 20 分	日本機動部隊發現美國機動部隊
早晨 5 時 30 分	轟炸中途島→不徹底 「需第二次攻擊」 準備第二次攻擊 兵器轉換：反船艦→反陸上 （←違反山本大將命令）
早晨 6 時 30 分	從利根 4 號機偵察到 「發現敵人」→「敵人有航母相隨」 ↓ 南雲司令部一片混亂 ・是否帶著陸上炸彈起飛？ ・是否替換成魚雷？ ・是否讓第一批攻擊隊返航？ ↓ 如果你是司令官 該怎麼辦？

三、兵者，詭道也

兵者，詭道也。故能而示之不能，用而示之不用，近而示之遠，遠而示之近。利而誘之，亂而取之，實而備之，強而避之，怒而撓之，卑而驕之，佚而勞之，親而離之。攻其無備，出其不意，此兵家之勝，不可先傳也。

孫子觀點——在適當的時機，必須欺騙對手

戰國時期的梟雄明智光秀曾說：「武將的謊言名為『武略』，和尚的謊言名為『權宜』。」孫子所說的「詭道」，即如何欺騙對手的策略，尤其是在戰場上，是很必要的。自古以來，最善於使用這種策略的人是盎格魯撒克遜人（Anglo-Saxon，泛指英國人）和猶太人，而最失敗的則是日本人。此處，列舉一個後者被前者待以「詭道」，而導致國家破滅的實例。

戰場上缺乏策略的日本人

西元一九四一年四月，日本政府希望能徹底改善已極度惡化的日美關係，派遣與美國羅斯福❶總統有舊交的海軍大將野村三郎為大使，前往美國進行「日美交涉」。與日本的設想相反，羅斯福考慮把這次會談，作為挑動日本向美國進行宣戰的機會。

西元一九四〇年，羅斯福在達成史無前例的總統三連任後，對國民說：「我和大家約定，你們的孩子絕不會被送到戰場上。」於是，美國以公約形式承諾，不介入第二次世界大戰。在這個公約的限制之下，儘管宛如風中殘燭一般的英國，接二連三地催促美國參戰，美國仍無法參與這次大戰。

就在此時，一個千載難逢的機遇從天而降，那就是「日、德、義三國同盟」❷。只要激怒日本，使其一氣之下向美國宣戰，在這種狀況之下，按照自動參戰義務的條款，德國和義大利也必須向美國宣戰。如此一來，美國就可以不受先前公約的束縛，理所當然地參加第二次世界大戰。老奸巨猾的羅斯福，在「近衛❸、羅斯福首腦會談」中，使日本認為可以和平交涉的天真幻想破滅。

同年八月，日本政府斷然拒絕美國的制止，進駐法印地區。美國對日本的這番舉動，採取凍結在美的日本資產，並實施全面禁止向日本輸出石油的「經濟斷交」。當時，日本進口的石油有九百四十萬千升，相當於可供一年至一年半的使用量，而國產量只不過四十萬千升，這樣下去，只有「餓死」一途。震驚的日本，為了解決這個困境，提出首腦會談，但羅斯福的心腹，赫爾國務卿卻顧左右而言他。那也是理所當然的，因為此時的羅斯福正在大西洋上的英國戰艦「威爾士親王號」（Prince of Wales，英國皇太子的頭銜）上，與邱吉爾首相對於第二次世界大戰等事宜，進行會談。

中了羅斯福之計的日本

在與邱吉爾首相的會談議席上，邱吉爾提出希望美國早日與日本開戰、加入歐洲戰線等想法，羅斯福回答：「遠東的事就全交給我吧！今後兩個月內，我要把日本當成小孩耍弄給大家看。」

這次會談後，羅斯福親切和藹地對野村大使說：「首腦會談嗎？好。地點就在阿拉斯加怎麼樣呢？」而在談到有關交給他的近衛首相書信時，羅斯福說：「內容很棒，我真想與近衛首相徹夜暢談呢！」種種跡象都讓日本產生了很大的期待，信以為真的日本政府，立即著手安排使節團人選和軍艦的佈置等等工作。但是，就在這些工作差不多完成的九月四日，美國突然單方面地拒絕了這次首腦會談。

由於這一次的挫敗，第三次近衛內閣迫不得已總辭職，取代近衛當上首相的是陸軍大將東條英機❹。體察天皇心中期望和平的東條英機，延後了之前由御前會議定下的開戰決定，為惡化的日美關係努力到最後一刻。然而，早就拿定主意要開戰的羅斯福，自然不為所動。

十一月二十六日，美國將決定日本未來命運的「赫爾備忘錄」放在日本人面前。其要旨是要求日本：

一、從包括滿洲在內的全中國和法印地區撤退。

二、放棄在中國的特殊權益。

三、終止日、德、義三國同盟。

四、承認蔣介石政權。

種種條件都令日本無法接受。這就是自三月六日以來，反覆與赫爾國務卿談了四十五次，與羅斯福總統談了九次的「日美交涉」，最後的結局。已經被截斷石油供應，被逼到「一滴石油，一滴血」的日本，選擇與其坐以待斃，不如與美國打一場毫無把握的戰爭。十二月八日，日本海軍進攻珍珠港。

羅斯福在會議上，手舉著日本親手交給他的「最後通牒」，發表演說：「這種進攻，難道不是卑鄙的暗算嗎？」並且高喊著「勿忘珍珠港」的口號，喚醒反對參加第二次世界大戰的美國國民。這就是羅斯福實踐孫子的「兵者，詭道也」謀策的結果。

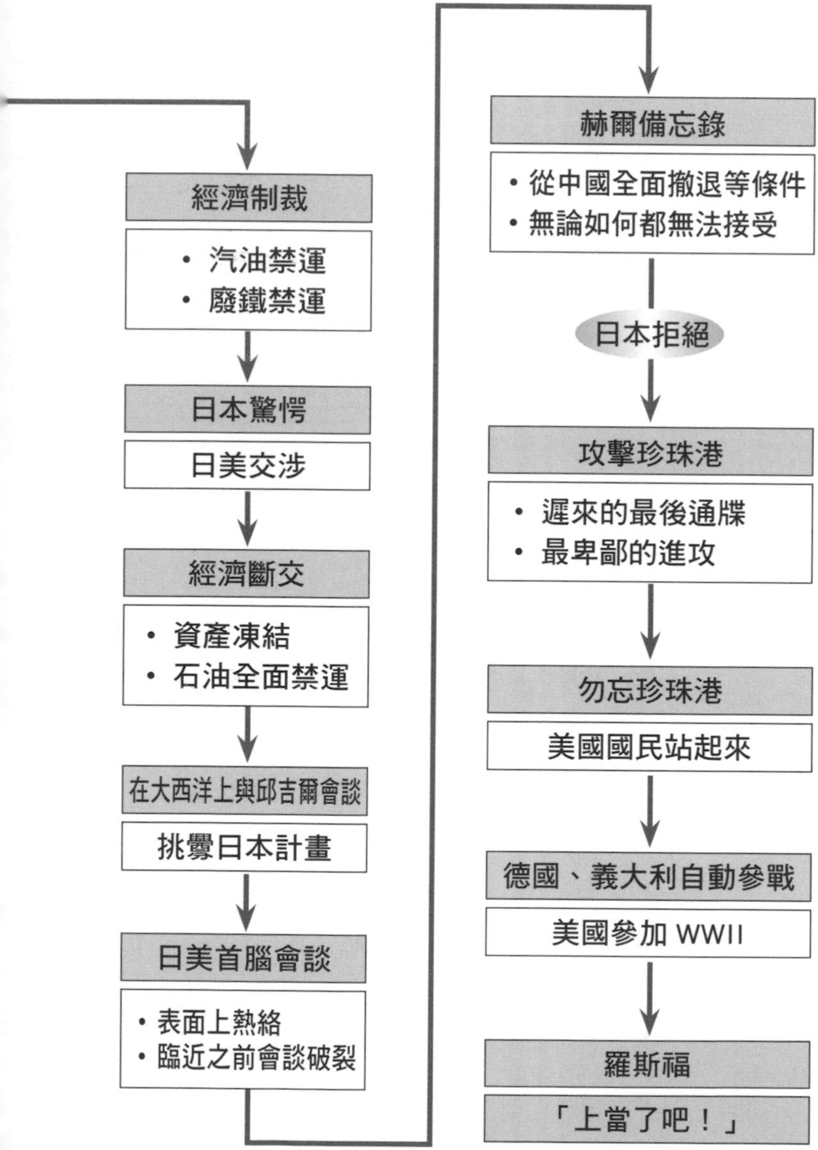
經濟制裁
・汽油禁運
・廢鐵禁運
日本驚愕
日美交涉
經濟斷交
・資產凍結
・石油全面禁運
在大西洋上與邱吉爾會談
挑釁日本計畫
日美首腦會談
・表面上熱絡
・臨近之前會談破裂
赫爾備忘錄
・從中國全面撤退等條件
・無論如何都無法接受
日本拒絕
攻擊珍珠港
・遲來的最後通牒
・最卑鄙的進攻
勿忘珍珠港
美國國民站起來
德國、義大利自動參戰
美國參加 WWII
羅斯福
「上當了吧！」

計策高明的羅斯福

左右為難

（「WWII」代表第二次世界大戰）

想參戰

- 救助民主國家
- 邱吉爾
  接二連三地催促

不能參戰

- 不介入 WWII 公約
- 反覆演說

沒有什麼妙計嗎？

有！日、德、義三國同盟

羅斯福的想法

- 威逼日本，使其向美開戰
- 德、義自動參戰
- 可正大光明參戰

日、德、義的想法

- 自動參戰條款
- 因此，羅斯福不能參戰

用難題脅迫日本

期望落空

註解

❶ **羅斯福：**第三十二屆美國總統，依靠新經濟政策（New Deal）挽救美國，擺脫經濟危機。借助日本攻擊珍珠港的難得機遇，加入第二次世界大戰。與英國首相邱吉爾、蘇聯元首史達林緊密合作，在第二次世界大戰中，為同盟國帶來勝利。

❷ **日、德、義三國同盟：**又稱為三國公約、三國盟約。於西元一九四〇年九月二十七日，由納粹德國、法西斯義大利與大日本帝國，在德國柏林簽署。此項協定正式確立上述三個軸心國的同盟關係，並被認為是對美國的警告。

❸ **近衛文麿：**日本昭和時代前期的政治人物，出身於宮廷貴族五攝家之一的近衛家。曾三度出任日本首相，日本大政翼贊會的創始人之一，該會被廣泛認為是與同時代之德國納粹黨、法西斯黨相似的獨裁政治社團。日本投降時，仰藥自盡。

❹ **東條英機：**生於東京，日本陸軍軍人、政治家，是日本軍國主義的代表人物。在第二次世界大戰期間，任職軍部最高領袖、大政翼贊會總裁、日本皇軍的陸軍大將、陸軍大臣、第四十任內閣總理大臣，是二戰的軸心國領導幹部之一。任內參與策劃珍珠港事件，偷襲美國珍珠港，引發美日太平洋戰爭。日本投降後，被同盟國東京軍事法庭認定為甲級戰犯，最終處以絞刑。

四、廟算勝者

夫未戰而廟算勝者，得算多也；未戰而廟算不勝者，得算少也。多算勝，少算不勝，而況于無算乎？吾以此觀之，勝負見矣。

孫子觀點

充分擬定計劃，一切準備萬無一失後，就會得勝

如果在戰前充分地擬定、推敲作戰計劃，做好萬全準備，那麼在戰前，就能預料己方有把握取勝。也就是說，本節探討的是在戰前進行檢討、準備的重要性。

實踐孫子之道的美國海軍大反攻

西元一九四一年十二月八日，日本海軍偷襲珍珠港，使得美國海軍失去了太平洋艦隊的主力。但是，美國海軍並沒有因此感到焦躁，而輕易貿然行動。美國轉而制定了審慎的「彩虹五號」❶對日作戰計劃，要求在開戰初期，避開具有強大攻擊力的日本海軍精銳部隊，姑且讓出西太平洋的制海權。在此期間，爭取時間建造和編組足以擊敗日本海軍的高性能艦隊，一口氣大舉反攻。

孫子守則

廟算勝者

→ 戰前必須做萬無一失的準備

戰前做的

準備、計劃

↓ 完全不做者，不值一談

↓ 只執行部分者，不勝

↓ 充分進行者，勝

從這個觀點來看，
其結果從戰前就會明白

↓

強調計劃與
準備工作的重要性

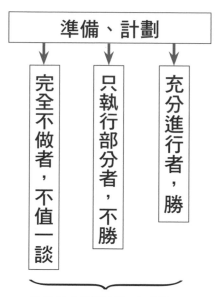

這支美國艦隊，以有強大攻擊力的「高速航母機動部隊」為核心，還有佔領作為日本海軍據點的中部太平洋各個島嶼的「水陸兩棲戰部隊」，是一個由陸軍、海軍、海軍陸戰隊的基地空軍，及後方支援部隊所組成的大規模艦隊。其中的第三十八／五十八機動部隊（Task Force 38/58），被日本海軍視為恐怖的魔鬼部隊。這支高速航母機動部隊，擁有先進的十六艘高速航母、一千二百架艦載機、八艘護衛性的新式戰艦、十六艘巡洋艦、六十四艘驅逐艦，共編成四個機動群（Task Group），是可以機動調動且強而有力的攻擊部隊。

而另一方面，日本海軍水陸兩棲戰部隊，作為登陸作戰的專門部隊，是海軍史上初次組建，且劃時代的編組部隊。「水陸兩棲軍團」是由作為登陸部隊的海軍陸戰兵師團，和陸軍步兵師團組成。「護衛部隊」則是由商船改造而成的護衛航母、巡洋艦、驅逐艦組成。這種護衛航母，有八千噸排水量、船速十八節，屬小型、低速船艦，透過設在艦首的蒸氣彈射器，可搭載三十架新型飛機。但是，沒有彈射器的日本商船所改造而成的護衛航母，實際上沒有航母的作用，只能用作飛機搬運船，與真正的航母有極大差異。「支援部隊」則是由舊式戰艦群組成，這支部隊主要擁有六艘從珍珠港海底打撈上來，再經過修理改造而成的艦艇。其任務是用大口徑炮管進行艦炮射擊，以便支援登陸。同時，還有由多艘運送登陸部隊、坦克、重炮、彈藥等的運輸船，和登陸用舟艦組成的「運輸部隊」。

西元一九四三年六月，美國海軍將尼米茲[2]大將的參謀長史普魯恩斯[3]少將，升為大將，任命他為第五艦隊的司令長官。在一年之前，他還只不過是一位率領四艘巡洋艦的無名少將，如今他一躍而成世界海軍史上最大、最強艦隊的指揮官，擁有十二艘航母、七艘護衛航母、十二艘戰艦、十二艘巡洋艦、六十五艘驅逐艦、七十艘運輸艦船等等，總計二百艘以上艦艇、一千架艦載飛機、四百架基地空軍飛機、三萬五千人登陸部隊、六千輛車輛，且麾下戰將有海軍少將十六人、海軍陸戰隊將軍三人，陸軍將軍兩人。海軍提拔史普魯恩斯少將的理由是，因為他在中途島海戰中，以冷靜、透澈和穩健的作戰作風，贏得巨大的勝利。

在這一年間，他作為參謀長，和尼米茲大將朝夕相處，密不可分，已經能夠以心傳心溝通思想，保持作戰思想統一。尼米茲大將說：「如果要我把一切都交付於他，那我也放心。」得到尼米茲大將的信任和有力的推薦。

有最先進的優秀艦船、飛機等戰鬥力，也有經過錘煉的戰略、戰術，還有與之相輔相成的部隊編組、指揮統御它們的名將。也就是說，美國海軍已經形成了，孫子所說

「廟算而勝」的體制。

十一月，這支大艦隊終於摘掉了神祕面紗，殺到位於中部太平洋的日本海軍最前沿陣地。迄今為止，一直誤認為主戰場是在新幾內亞、所羅門群島的日本軍，被擁有先機的同盟國軍，引進沼澤地的消耗戰中，日本海軍沒有任何能力可以阻擋這種強烈的攻勢。同年十二月，吉爾伯特群島（Gilbert，位於太平洋）陷落。翌年，西元一九四四年二月，作為日本對美國最前線，象徵開拓南洋的馬紹爾群島（Marshall，位於太平洋）也與前者一樣，輕易地被擊潰。而後，日本海軍在這支強大艦隊的攻勢面前，放棄了特魯克島（Truk，位於太平洋）、帛硫群島（Palau），並在馬里亞納海戰中徹底失敗，一敗塗地。

這就是實踐了孫子「廟算勝者」，反覆謹慎思考的美國海軍大反攻。

註解

❶ **彩虹五號：**是以日、德、義三國為假想敵而制定的計劃。在第二次世界大戰爆發時，美國首先在太平洋採取戰略守勢，傾注全力於歐洲。在降服德國、義大利後，再對日本進行真正的反攻。

❷ **尼米茲：**珍珠港事件後，由少將升任為大將，一躍而成太平洋艦隊司令長官，是兼有溫和、冷

靜、包容力、卓越眼光的名將。他熟練地運用極有個性的海爾賽、史普魯恩斯兩位大將，擊潰日本海軍。作為日本問題專家，他十分敬仰東鄉元帥。戰後，他則致力於修復和保存已荒廢的紀念艦「三笠號」。

❸ **史普魯恩斯：**曾任太平洋艦隊司令長官尼米茲大將的參謀長，作為第五艦隊司令長官，擊敗日本海軍。其中更以在馬里亞納海戰中沉著、冷靜的指揮作風而出名，與同一艦隊中，作為第三艦隊指揮官的猛將海爾賽，成為鮮明的對比。

美國海軍的反攻計劃

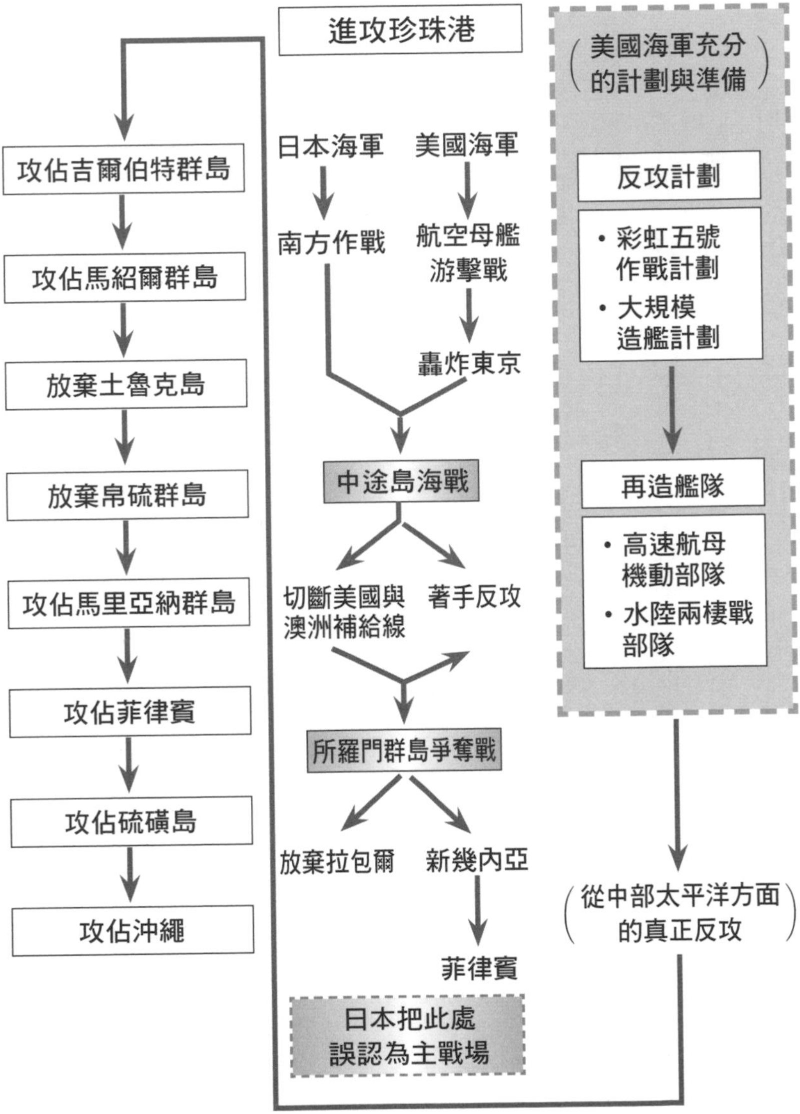
進攻珍珠港
日本海軍
南方作戰
美國海軍
航空母艦
游擊戰
轟炸東京
中途島海戰
切斷美國與
澳洲補給線
著手反攻
所羅門群島爭奪戰
放棄拉包爾
新幾內亞
菲律賓
日本把此處
誤認為主戰場
攻佔吉爾伯特群島
攻佔馬紹爾群島
放棄土魯克島
放棄帛硫群島
攻佔馬里亞納群島
攻佔菲律賓
攻佔硫磺島
攻佔沖繩
美國海軍充分
的計劃與準備
反攻計劃
・彩虹五號
作戰計劃
・大規模
造艦計劃
再造艦隊
・高速航母
機動部隊
・水陸兩棲戰
部隊
從中部太平洋方面
的真正反攻

作戰篇

一、兵聞拙速

凡用兵之法，馳車千駟，革車千乘，帶甲十萬；千里饋糧……日費千金，然後十萬之師舉矣……故兵聞拙速，未睹巧之久也；夫兵久而國利者，未之有也。故不盡知用兵之害者，則不能盡知用兵之利也。

孫子觀點

作戰應迅速進行，要求速勝

很多人傾向於僅只是「兵」聞拙速，其實無論什麼事情都應立刻迅速進行。如果我們深入探討本節的原文，就會明白調動大軍需要巨大的軍費，況且在大軍奔赴遙遠的戰場時，其費用將達到日耗千金的程度。因此，戰爭如果拖得越長久，那麼國家就會越疲弱，軍隊也會因疲勞而使得戰鬥力下降。也就是說，戰爭這種事，無論遺留下多少問題，都應一氣呵成地決出勝負，從沒有曠日持久，並取得勝利的戰例。

兵聞拙速

戰爭應當盡快地分出勝負

大軍的出動

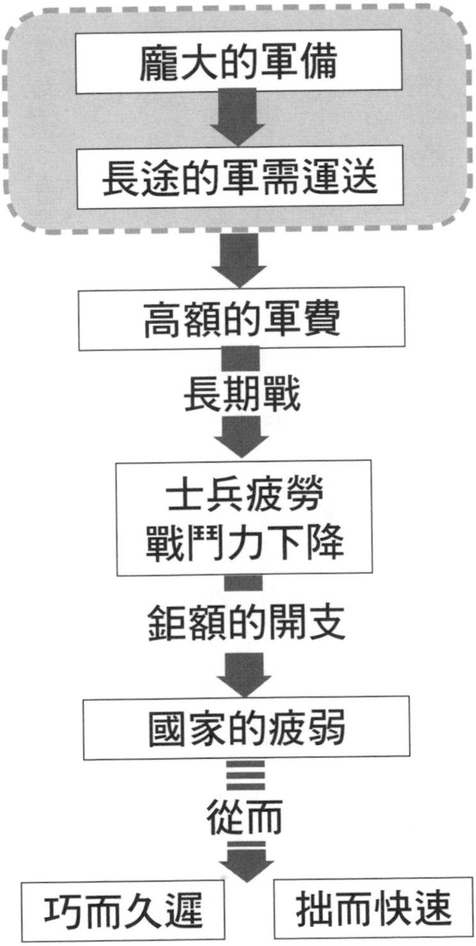

經常被作為教訓的瓜達康納爾島❶（Guadalcanal，以下簡稱瓜島）爭奪戰，就是背離孫子教導的典型事例。在此次爭奪戰中，日軍因犯了兵家大忌，逐次投入兵力而貽誤戰機，成為其太平洋戰爭敗北的起點。

日本未能全力以赴，是最大的敗因

西元一九四二年八月七日，得到機動部隊有力支援的美國水陸兩棲部隊，強行攻擊所羅門群島南端的瓜島，第一海軍陸戰隊的一萬人登陸，並且佔領了正在建設中的日本海軍機場，這是同盟國軍真正反攻的第一步。但是，日軍統帥部卻判斷錯誤，認為此次進攻只是美軍的火力偵察，便採取了逐次投入兵力的愚笨策略。

他們首先派出正在土魯克島待命，共有三千兵力的一木支隊。一木大校聽信了「如果不趕快抵達，美軍就會逃走」的不實謠言，急忙率領其中一部分兵力奔往瓜島，結果被美軍毫不費力的全部殲滅。

日軍由僅持三八式步槍的九百人（明治三十八年製造），對抗配備有大量坦克、重炮的一萬人美國海軍陸戰隊，自然不會取勝。接著，投入戰鬥的川口支隊也輕鬆地被擊潰，支隊長川口少將因鬥志不堅而被解任。此時，驚覺貽誤戰機、事態嚴重的日軍大本營，急忙派出以精強著稱的仙臺第二師團，備足所需的重炮、彈藥，決定在十月二十二日，與海軍聯手展開總攻勢。

後世的戰史學家認為，這次的大攻勢如果是在敵方剛剛登陸之時進行的話，是可以輕鬆將當時立足未穩的美軍趕出去。事實上，當時的美軍方面，因連日激戰和水上部隊護援不夠等原因，登陸部隊已經因為疲勞困憊而士氣低迷，面臨崩潰。

對於這樣的危機，美國海軍以「拙速」採取對應措施。太平洋艦隊司令長官尼米茲大將，在臨近決戰開始的十六日，將該方面的最高指揮官戈姆勒中將解職，換上美國海軍一流猛將海爾賽中將。有著「野牛」綽號的海爾賽，以其驚人的鬥志和特有的統率能力，振作部隊的士氣，迎擊日本軍的大攻勢。當時，他的命令是：「進攻！進攻！持續進攻！」

就這樣，日軍在海上、陸上的進攻皆受到重重阻礙，從而失去戰機。

而後，日本方面也採取了增派第三十八師團兵力等措施，致力於奪回瓜島。但是，要供給三萬人以上大部隊的軍需成了一大問題，失去制海權、制空權的日本，靠船團來運送供給已是不可能了。無可奈何之下，只好由驅逐艦部隊進行夜間的快速運送（Tokyo Express），別說武器彈藥了，就連每天的日常口糧都快無法供應。

如此一來，瓜島變成了「饑島」。日軍的士兵們，在與美軍開戰之前，就因饑餓而一個接一個地倒下，活下來的人也由於營養失調而悽慘無比。

為日軍帶來巨大損失的瓜達康納爾島爭奪戰

最後，日本統帥部也斷絕了為奪回瓜島而戰的念頭。在前後三次，總共派出六十艘驅逐艦進行夜間救出的軍事行動後，終於放棄了瓜島。

在這六個月內，日本的損失如下：

一、陸軍：一萬四千五百五十人戰死、四千三百人病死、兩千三百五十人失蹤。

二、海軍：包括一艘航母、兩艘戰艦在內的二十四艘船艦沉沒、喪失飛機八百九十三架、兩千三百六十七人戰死。

在所羅門群島方面，乘勢北上的同盟國軍，與打算加以阻止的日本陸、海軍之間展開了殊死之戰，持續大約一年，最後以日本全敗而告終。這一年半的戰爭損失，僅只海軍方面就有：

一、艦艇（含航母、戰艦兩艘）七十艘；船舶一百一十五艘沉沒。

二、喪失飛機七千零九十六架。

三、七千一百八十六人戰死。

經歷如此龐大的消耗戰後，日本海軍已沒有正面對抗同盟國軍的力量了。可以說，這便是忽略孫子「兵聞拙速」警告的巨大損失。如果能在剛遇到問題時，便全力以赴地去處理，那麼任何事都將順利地進行下去。再者，遇到麻煩時，也能讓事情不繼續往更壞的方向發展。

註解

❶ **瓜達康納爾島：**位於西南太平洋，是太平洋西部一系列火山島嶼之一，也是索羅門群島中最大的一個島。西元一九四二年五月，日本海軍在此處建設航空基地，作為切斷美國和澳洲聯繫的前哨陣地。在瓜達康納爾島爭奪戰及隨後的所羅門群島攻防戰中，消耗了日本海軍大量的戰鬥力，成為日本方面太平洋戰爭失敗的要因。

缺乏「拙速」的瓜達康納爾島爭奪戰

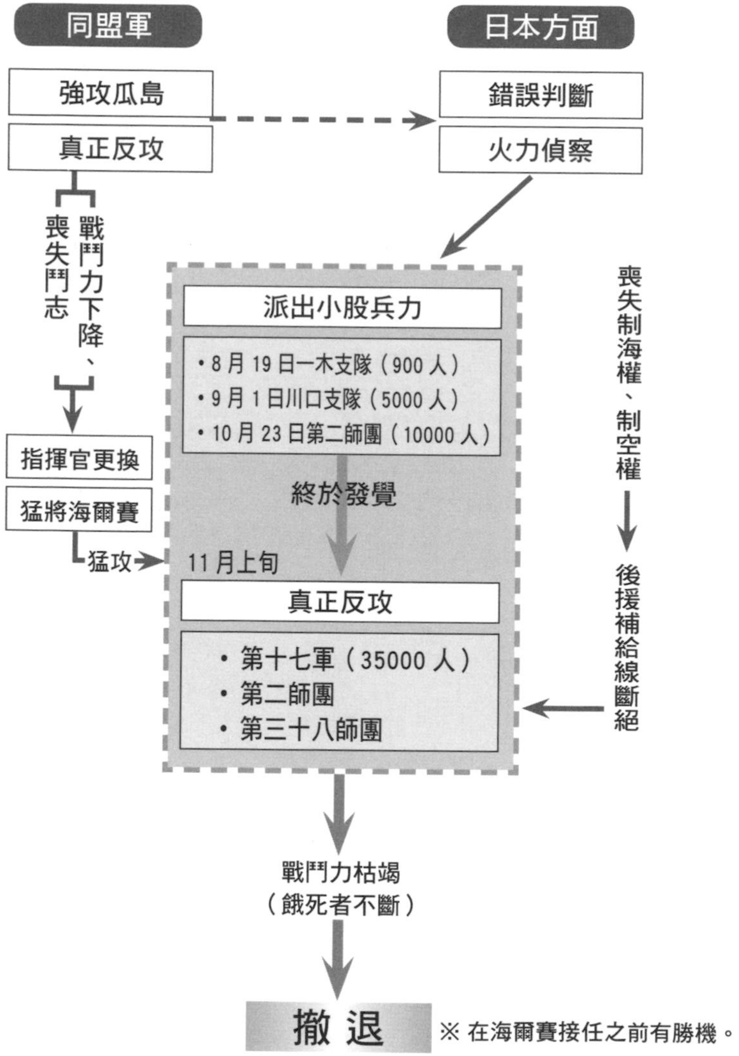

※ 在海爾賽接任之前有勝機。

二、智將務食于敵

國之貧于師者遠輸，遠輸則百姓貧，近于師者貴賣，貴賣則百姓財竭，財竭則急于丘役，力屈財殫，中原內虛于家，百姓之費，十去其七，公家之費，破車罷馬，甲胄矢弩，戟楯蔽櫓，丘牛大車，十去其六。故智將務食于敵，食敵一鍾，當吾二十鍾，萁稈一石，當吾二十石。

孫子觀點

明智的將帥總是利用敵國解決糧草供給的問題

國家之所以因軍隊而貧困，原因就在於奔赴遠方去打仗時，必須途經遙遠的運輸路線，將軍需品運送給軍隊，需要花費相當多的費用。如果戰爭發生在近處，那麼民眾會苦於物價高漲，其結果是兵力不足，戰場上的戰鬥力不足，民眾的積蓄也將變少。國家的財政也會因車壞馬疲、武器損失等原因，需重新購入軍隊用品而逐漸窮乏。

因此，這節講述的是有關智將重視當地籌措、重視戰爭中後勤戰略❶的重要性。

在太平洋戰爭中，日本海軍就因運輸線太長，而苦於軍需供給，又無法在當地籌措，最終超出其承受限度地運送物資，致使其在同盟國軍面前屢戰屢敗。

孫子守則

智將務食于敵

明智的將帥總是利用敵國解決糧食問題

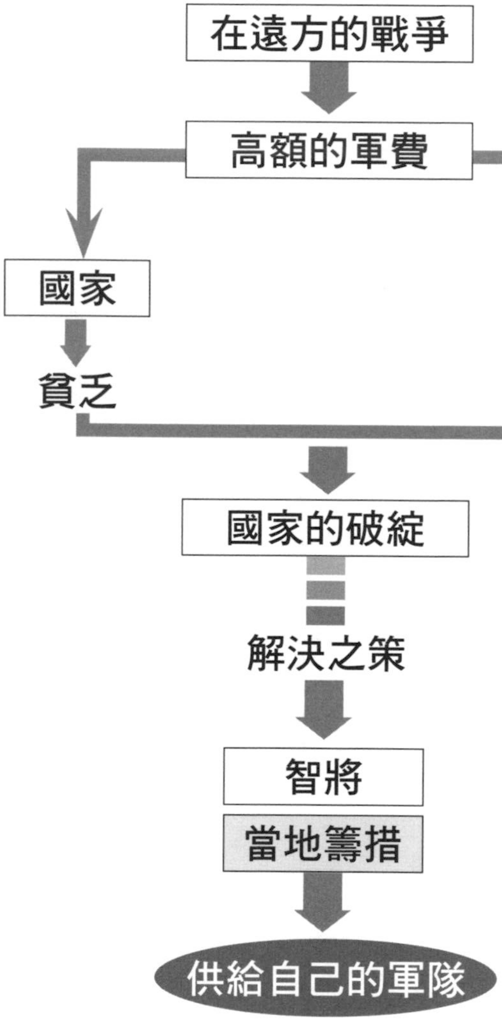

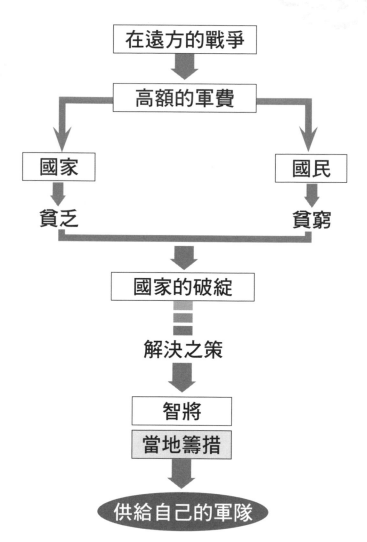

超過攻勢終結點依舊盲目擴大戰線的日軍

由西元一九四一年十二月八日進攻珍珠港而展開的太平洋戰爭，一開始，日本陸、海軍的軍事行動進展順利，東到吉爾巴特群島，南到太平洋的巴布亞紐幾內亞東岸，和新不列顛島的拉包爾，都歸於日方手中。但在第一階段軍事行動結束後，日本陸、海軍的戰略方針發生分歧，就此產生一百八十度的不同。

陸軍認為南方的軍事行動已終了，作為這次戰爭的目的——確保石油等戰略物資已完成，於是，便打算將以近衛師團為主的當地部隊送回本國或滿洲。而且，後來的攻打珍珠港，以及討伐太平洋、印度洋方面的同盟國艦隊，都取得意外的大勝利。因而使得海軍感到得意自滿，打算進行大規模的軍事行動。

其一，佔領澳洲北方的行動計劃。海軍判斷同盟國軍的反攻是從該方向開始，因此提出了這一方案。但陸軍以沒有兵力為由，加以否決。最後決定實施攻佔巴布亞紐幾內亞南岸莫士比港的「ＭＯ行動」❷。

其二，同樣是為了封鎖從澳洲而來的反攻，切斷美國和澳洲之間交通聯絡的「ＦＳ計劃」❸。目標是攻佔越過赤道，位於澳洲東面的斐濟群島、薩摩亞群島以及新喀里多尼亞島。

其三，攻佔夏威計劃。日本極其成功的南方軍事行動後半場已經結束，但是，如果以珍珠港為根據地的美國太平洋艦隊在中部太平洋出現的話，那便等於在日本勢力圈刺進一把匕首。即然如此，索性進攻夏威夷。這個蠻不講理，且毫無道理的戰略，受到驚詫的陸軍反對，結果胎死腹中。

本來，日本海軍就沒有能力以短期決戰的形式，在馬里亞納附近迎擊西進太平洋而來的美國海軍，也沒有能夠進行規模宏大軍事行動的戰略、戰術、兵力以及後方的支援。陸軍雖然對海軍夢一般的作戰構想表示反對，但還是被拖了進去，使得戰區逐步擴大到無法收拾的程度，幾乎演變成地獄一般。

從著手進行「FS行動」開始，在經過瓜達康納爾島爭奪戰、所羅門群島爭奪戰後，日本海軍的戰鬥力被大大消耗。而陸軍也被拖進以「MO行動」為起點的巴布亞紐幾內亞之戰，嚴酷熱帶叢林戰的結果是，最初人數為十四萬的日本軍，到終戰時，存活下來的僅有一萬三千人，這是多麼悲慘的結局啊！

可以說，太平洋戰爭徹底失敗的重要原因，就在於日本海軍高估了己方國力、戰鬥力的承受限度，即軍事用語中所說的「攻勢終結點」❹，且盲目地擴大戰線，完全沒有孫子所說「智將務食于敵」的觀念。

註解

❶ **後勤戰略：**又稱為後方支援或軍隊駐紮地等。廣義上，包含從物資補給到醫療、修造、教育等有關管理的方面。狹義上，則是戰略、戰術，再加上後勤戰略，三者構之而成。

❷ **MO行動：**或稱為莫士比港行動，是日本於第二次世界大戰期間的一次作戰代號。主要目標為，攻擊並控制巴布亞紐幾內亞，以及諸多太平洋上的小島，以達到孤立澳洲及紐西蘭，使其得不到美國支援的目的。該計劃由日本海軍制定，並獲得聯合艦隊指揮官山本五十六的鼎力支持，最終以失敗告終。

❸ **FS行動：**日本在第二次世界大戰的太平洋戰爭中，曾計劃進攻並侵佔斐濟、薩摩亞、新喀里多尼亞的作戰代號。原訂為海軍與陸軍共同執行的作戰，其主要目標為切斷澳洲和美國之間的補給線及通訊，以達成削弱或消除澳洲對日本南太平洋防衛圈的威脅。

❹ **攻勢終結點：**採取攻勢行動軍隊的進退限界點，主要由指揮通信、後勤來決定。超過限界點而敗北的例子，以拿破崙遠征莫斯科最為知名。

超越攻勢終結點的日本海軍

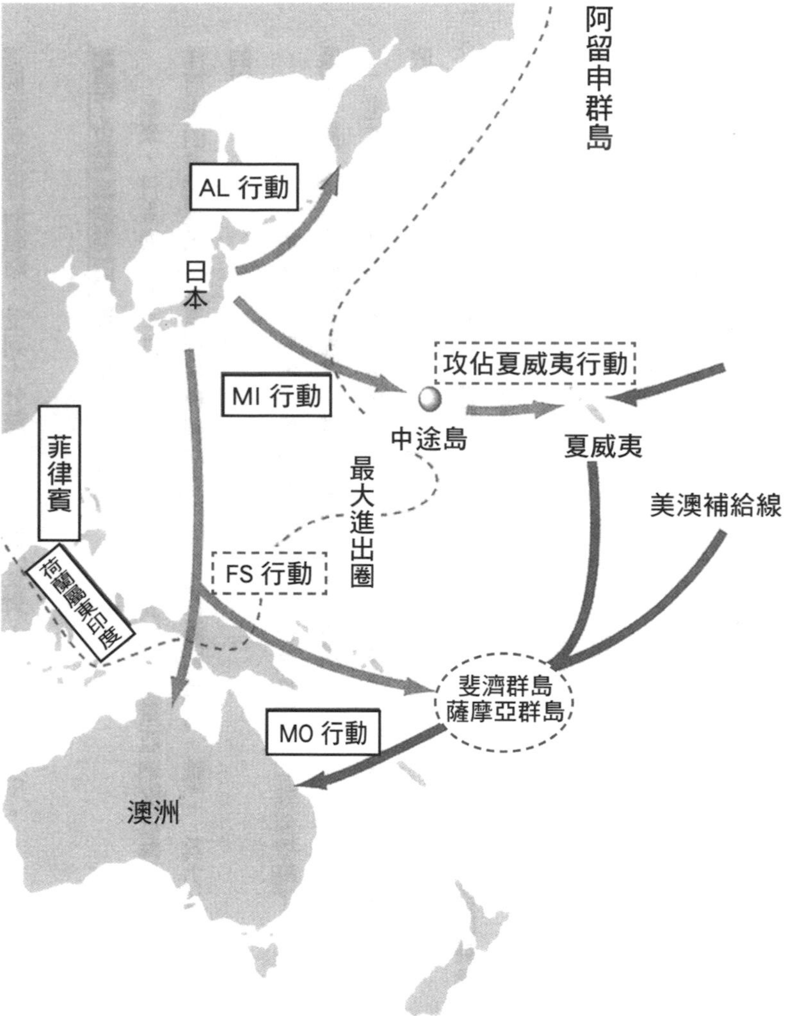

超過日本國力所能承受的限度

火攻篇

一、火攻有五

凡火攻有五：一曰火人，二曰火積，三曰火輜，四曰火庫，五曰火隊。行火必有因，煙火必素具。發火有時，起火有日。

孫子觀點

戰爭中以火攻時，有五個目標

進行火攻時，有五個可以攻擊的目標，若按優先順序來看，第一是軍隊，第二是糧食庫，接著是運輸中的軍需品，再來是物品倉庫，最後是交通路線和運輸設施，這都需要將領執行恰當地判斷。而負責進行這種火攻行動，還必須準備好足夠的工具，選擇適合的時機。在歷史上，原封不動地忠實實踐孫子這番火攻理論的是，美國空軍對日本的戰略性轟炸。

孫子守則

火攻有五

火攻的五個首要標的

火攻

徹底破壞戰鬥力

目標

- 火人——軍隊
- 火積——糧食庫
- 火輜——運輸中的軍需品
- 火庫——物品庫
- 火隊——交通路線

充分的準備
恰當的戰機

實現孫子理論的「東京大轟炸」

美國對日軍在各地進行自我犧牲的戰鬥作風感到非常苦惱，因此決定對日本本土進行戰略性轟炸，徹底破壞並完全奪去其戰鬥能力。為此，美國製造出 B-29 轟炸機投擲油性炸彈，實驗的成功使得美國有了強烈的信心，下定決心對日本進行戰略轟炸。

最初，美軍準備將起飛基地設在中國或西伯利亞，但是由於中國的蔣介石擔心日本會對此進行報復，而沒有同意。蘇聯方面，元首史達林對在西伯利亞建立起飛基地，提出了種種交換條件。最終，此事不了了之。

而後，美國又把目標轉移到馬里亞納群島的塞班島、特尼安島。於西元一九四四年六月強行襲擊，奪取該地。同年十一月二十一日，七十架 B-29 型轟炸機❶從馬里亞納島起飛，空襲東京，並轟炸了位於東京、名古屋、神戶等地的飛機製造廠，但並沒有達成顯著的成效。之後，美國又轉為使用燃燒彈，不分城市的進行轟炸。翌年，從西元一九四五年三月九日夜間起，至三月十日，大約有三百五十架飛機對東京江東區進行劇烈轟擊，使用被稱為「M69」的燃燒彈，彈藥如雨滴般傾瀉而下，扔向地面。

此次「東京大轟炸」的結果，使得二十六萬七千戶居民房屋被燒毀，死亡人數達到八萬四千人，還有大約一百萬人無家可歸。

逼迫日本無條件投降的原子彈

接下來的一段時間，這種轟炸在日本原始且幼稚的防空系統中，鑽足空隙，以東京、名古屋，大阪、神戶、橫濱及川崎為目標進行攻擊。六月中旬，這些城市分別已有約五成化為灰燼。在此期間，美國還發動了對硫磺島的進攻，將其作為 B-29 轟炸機的中繼基地。由於美軍佔領了硫磺島，因此得以在此整修受損飛機，並使野馬型 P-15 護衛戰鬥機，伴隨其他飛機起飛，使得作戰效率大大提高。

之後，美國又將轟炸目標移向鹿兒島等地方城市。截至戰爭結束前一天的兩個月間，共有六十一座城市遭遇空襲，分別被燒毀百分之三十到百分之九十九（富山市）。而廣島、長崎、小倉、新瀉之所以沒有成為攻擊的目標，是因為美國將它們預定為原子彈攻擊的城市。在這些城市受到燃燒彈攻擊時，煉鋼、飛機製造、軸承、電氣工業、造船、港灣碼頭這六種行業，也是美國方面攻擊的物件，接二連三地進行破壞。

同時，美軍也透過投放水雷來封鎖港口、海峽、內海。多達一萬兩千枚的水雷，因為其對磁性、聲響反應靈敏，或有綜合性引爆裝置，所以靠著日本海軍的掃海能力，是無法偵測的。昭和二十年（西元一九四五年）夏天，日本的海上交通幾乎全面癱瘓了。孫子所說的火攻目標——人、積、輜、庫、隊五個目標，都遭受巨大損失，日本的戰鬥能力已被破壞殆盡。

這場火攻的最後一擊，就是八月六日對廣島（死亡九萬一千人），還有緊接著八月九日對長崎（死亡二萬六千人）的原子彈攻擊。就在八月九日，蘇聯也趕在最後一天對日本宣戰。最後，日本承諾接受《波茨坦宣言》，於八月十五日無條件投降，也象徵著第二次世界大戰畫下句點。

註解

❶ **B-29型轟炸機：**專為對日戰略轟炸而製造的超大型轟炸機。搭載九噸炸彈，能在同溫層飛行。由馬里亞納群島的塞班、特尼安起飛，目的是將日本夷為焦土，破壞其戰鬥能力。該型飛機的飛行高度和機體的堅固性，都是當時日本防空無法抵抗的。

美軍的對日戰略轟炸

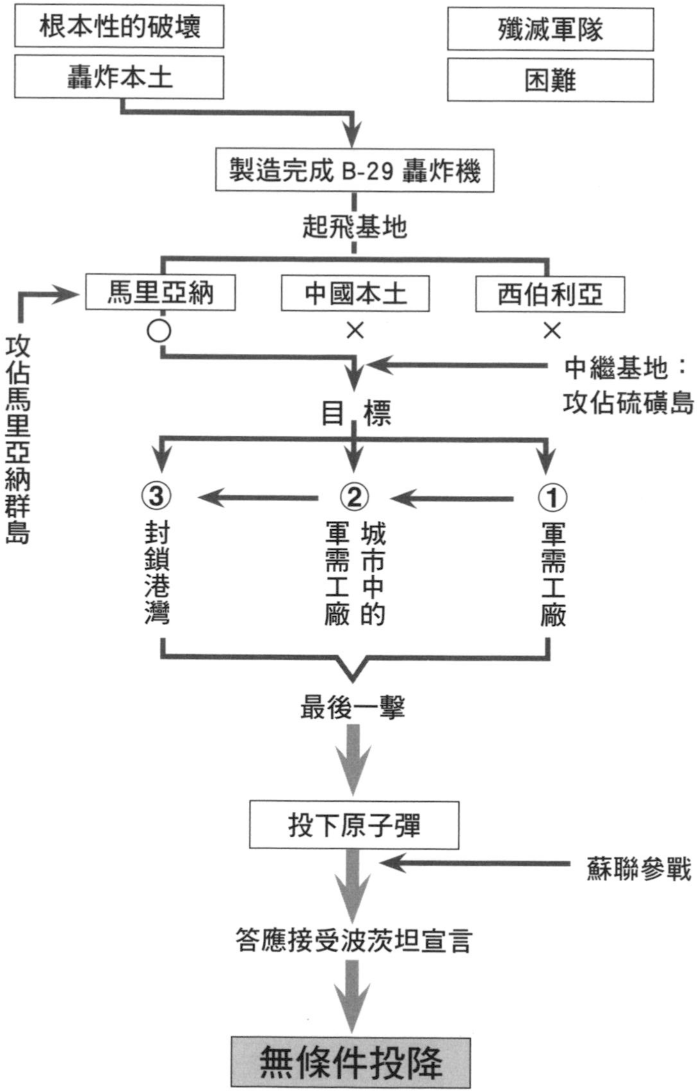
根本性的破壞
轟炸本土
殲滅軍隊
困難
製造完成 B-29 轟炸機
起飛基地
馬里亞納
中國本土
西伯利亞
○
×
×
攻佔馬里亞納群島
中繼基地：
攻佔硫磺島
目 標
③
封鎖港灣
②
城市中的
軍需工廠
①
軍需工廠
最後一擊
投下原子彈
蘇聯參戰
答應接受波茨坦宣言
無條件投降

二、合于利而動

夫戰勝攻取，而不修其攻者，凶，命曰費留。故曰：明主慮之，良將修之，非利不動……合于利而動，不合于利而止。

孫子觀點——在有利之時，再去行動

在戰爭中取勝之後，當然希望可以繼續擴大戰果。英明的君王會考慮到這一點，而作為良將的部下也會理解這一點。因此，眾人會仔細地判斷形勢，如果情況有利，則起而行動，不利則不動。而與孫子的此番教導完全相反的是，日本海軍對珍珠港的攻擊。

如今，對此次珍珠港事件❶的評價，有功也有過，戰史學家之間也紛紛提出許多爭議。現在，就讓我們套用孫子的此條格言，判斷一下吧！

暴露日軍弱點的珍珠港事件

西元一九四一年十二月八日早晨，南雲中將到達夏威夷群島中的歐胡島二百三十海浬處，並下令攻擊隊起飛。第一波，共一百八十三架飛機，緊接著第二波，共一百六十

孫子守則

合于利而動

有利時才有所行動，不利時則按兵不動

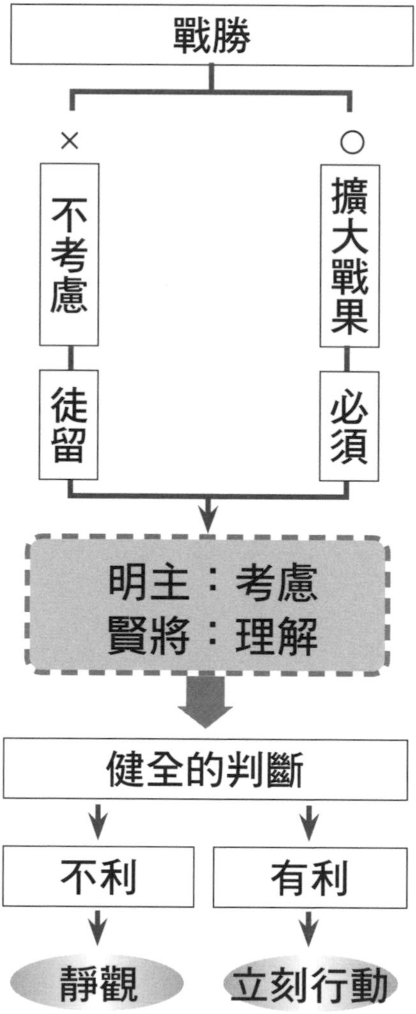

七架，攻擊珍珠港。此次進攻，對美國來說完全是偷襲性進攻。攻擊隊指揮官淵田美津雄中校從飛機上激動地發出電報：「突．突．突（全軍突擊）虎．虎．虎（奇襲成功）。」這次偷襲的戰果，主要是擊沉四艘戰艦，重創四艘戰艦，擊毀正在碼頭停泊的多艘艦艇、約三百架飛機。而相對的，日本方面只損失了二十九架飛機，令人驚異。

從戰術上來看，這次軍事行動可以說是奇襲作戰中的最高傑作，但在戰略上仍然存在著若干缺點。第一，遞交最後通牒的時間，比攻擊開始大約晚了一個半小時；第二，本該是最大目標的四艘航母，卻在攻擊中毫髮無傷；第三，沒有發動第二次攻擊，進一步擴大戰果。

現在，我們就本節的主題，也就是「擴大戰果」方面進行分析。聯合艦隊司令長官山本五十六大將，為什麼不顧軍令部的強烈反對，決心進攻珍珠港呢？整件事情的來龍去脈是這樣的。

山本大將清楚地明白，日軍無論如何也無法戰勝工業大國美國，因此他呼籲：「開戰之初，我們要猛攻，擊敗敵人的主力艦隊，使美國海軍和國民感到無力回天，完全喪失鬥志。」一再試圖以此舉與美國講和。但是，山本五十六大將的這一企圖，反而向美國國民火上澆油，使他們呼喊著「勿忘珍珠港」的口號，同赴國難。

當初，若考慮和美軍講和，那就應該進行第二次攻擊，徹底摧毀號稱東洋最大的修造設施，和裝有四百五十萬千升（約三十萬噸）石油的油罐。然而，南雲中將竟然放棄了對它們的攻擊。

這個問題，後世的戰史學家們雖然有種種的褒與貶，但最重要的是，南雲中將並沒有理解山本大將的真意，同時，山本大將也沒有將自己的本意確實地傳達給南雲中將。他們認為這只不過是一次支援南方作戰的行動而已，當然，也有人認為問題在於南雲中將的膽怯。

事實上，南雲中將從最初就對這次軍事行動抱持著懷疑的態度。同時，山本大將對他此番違反自己意志的舉動，也沒有強烈地糾正，反而對請求下令進行第二次攻擊的參謀們說：「南雲若說不去，那就別去了吧！」沒有採納參謀們的請求。

奇怪的是，在那以後，山本大將又重新振奮起來。放棄第二次攻擊的山本大將，在返程途中又下令轟炸中途島。但是，機動部隊的參謀長草鹿少將回答：「命令剛取得大勝利、情緒高漲的機動部隊去轟炸中途島，就好比是命令剛打倒橫綱力士的關取力士，去蔬菜店買蘿蔔一樣。」以天候不良為理由，沒有執行命令，直接返回日本本土。

對於此次珍珠港事件中，不實施第二次攻擊的問題，按本節孫子的教導來比對，日軍在以下幾個方面，都可以說是非常拙劣：

一、沒有擴大戰果的決心。

二、上級與下級指揮官之間沒有良好的溝通。

三、沒有謹慎考量軍事行動中的利害和機會。

註解

❶ **珍珠港事件：**是日本海軍於西元一九四一年十二月七日，對美國海軍夏威夷領地珍珠港海軍基地的一次突襲作戰，目標為擊敗其主要戰鬥力。在戰術上，可以說是一次傑作中的傑作，但是由於沒有徹底擊毀修造設備、石油罐等，加之最後通牒太晚發出。最後，反而使得美國民眾同仇敵愾，團結一心。

珍珠港事件的問題

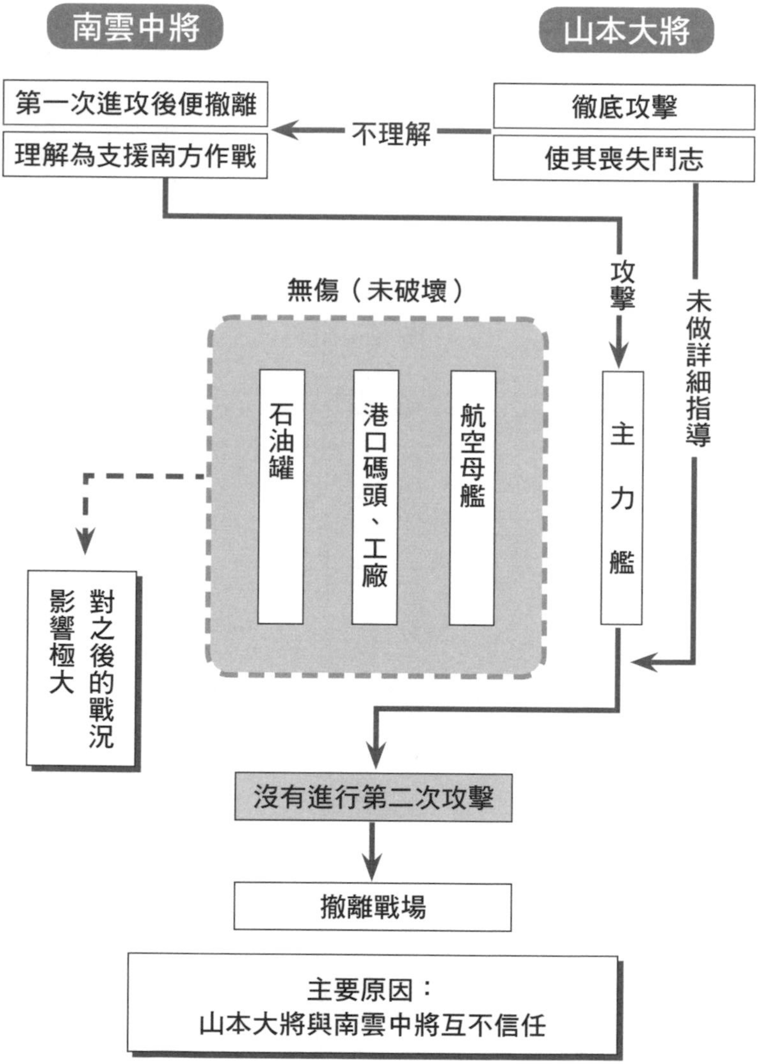

南雲中將
山本大將
第一次進攻後便撤離
理解為支援南方作戰
不理解
徹底攻擊
使其喪失鬥志
攻擊
未做詳細指導
無傷（未破壞）
石油罐
港口碼頭、工廠
航空母艦
主力艦
對之後的戰況影響極大
沒有進行第二次攻擊
撤離戰場
主要原因：
山本大將與南雲中將互不信任

行軍篇

一、半濟而擊之，利

凡處軍相敵，絕山依谷，視生處高，戰隆無登，此處山之軍也。絕水必遠水，客絕水而來，勿迎之于水內，令半濟而擊之，利。欲戰者，無附于水而迎客，視生處高，無迎水流，此處水上之軍也。

孫子觀點 —— **待敵軍渡河至半路時，伺機發動攻擊**

本節孫子所講述的是，翻越大山之時，要沿谷而行，如有高地便可居於高地，以及在高處打仗時，不要與在上面的敵人進行戰鬥等等。這些都是孫子叮嚀我們，與部隊駐紮場所相呼應的戰鬥方法。

以下，列舉一個「半濟而擊之，利」的典型成功事例。

孫子守則

半濟而擊之，利

➔ 敵人渡河至一半時，趕快加以攻擊

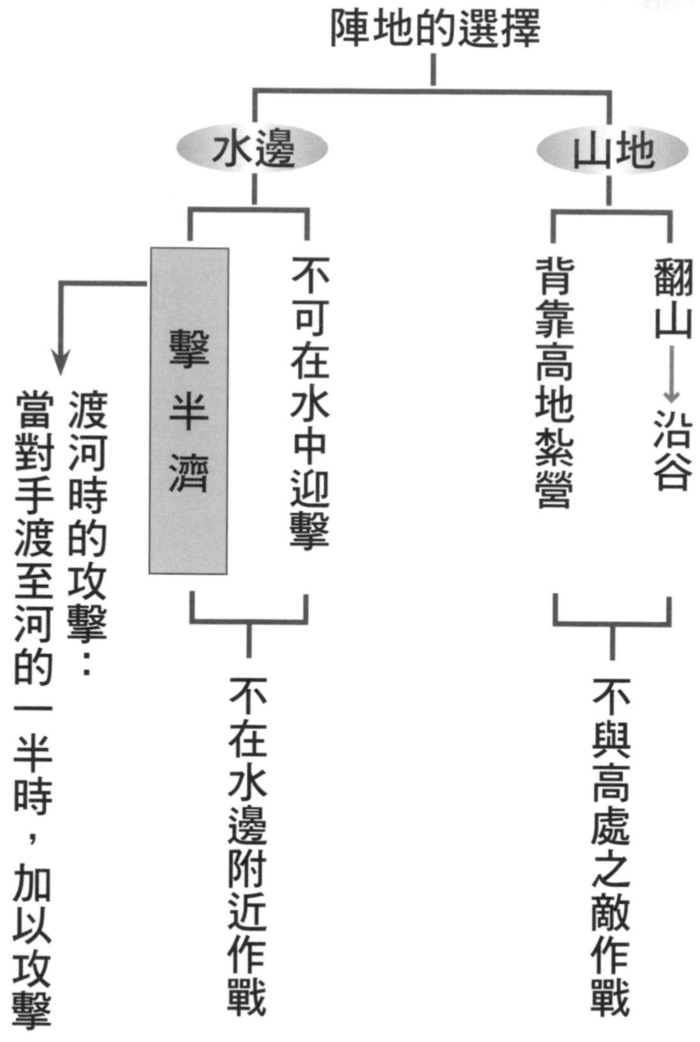

被羅馬軍屍體堵塞的特雷比亞河畔

漢尼拔越過阿爾卑斯山，並在接下來的提基努斯河會戰中，大勝羅馬軍。戰敗的羅馬人急忙將為遠征迦太基，而正在西西里島待命的執政官隆古斯，還有其軍團召回本國。返回羅馬的隆古斯軍團，準備和打了敗仗的大西庇阿殘部聯合，共同對付漢尼拔。大西庇阿對隆古斯提出忠告：「漢尼拔軍強大得難以想像，尤其是他手下的努米底亞騎兵❶有很強的機動攻擊力。」並提醒對方必須慎重地作戰，但隆古斯卻一笑置之。他認為這只是大西庇阿為自己吃了敗仗後，尋找的正當理由。

西元前二一八年十二月，兩軍在波河的支流特雷比亞河畔，夾河對峙。

那是一個暴風雨的早晨，漢尼拔讓士兵們飽餐一頓後，便命令士兵在全身塗滿防寒油，又將軍帳內的爐火燒得旺盛，讓士兵們感到非常溫暖。然後，將精心挑選出的兩千名步騎兵，交給作為部下的么弟瑪戈，令他渡過特雷比亞河，埋伏待命。做好戰鬥準備的漢尼拔，下令努米底亞騎兵渡河，向羅馬軍挑釁。

羅馬軍隊果然中計，開始對漢尼拔軍進攻。這時，努米底亞騎兵便偽裝敗退。曾經從大西庇阿那裡得知，努米底亞騎兵無比精悍的隆古斯，看到努米底亞騎兵竟是如此不堪一擊，便決定一鼓作氣，下令立即反擊，全軍渡河。

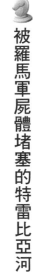

此時，風雨變得如暴風雪般猛烈，水溫如寒冰般酷冷，加之羅馬軍們剛從睡眠中突然起床，更沒有吃早餐。因此，羅馬軍在渡河時，完全沒有任何精神。就在羅馬軍半數渡河時，漢尼拔向整裝待發的全軍發出總攻擊的命令。同時，也讓埋伏於對岸的瑪戈機動部隊，襲擊羅馬軍的背後。受到風雪寒冷的威脅，且又因空腹而失去銳氣的羅馬軍，與飽餐一頓，且出發前又非常溫暖的迦太基軍相比，勝負一眼便可得知。

最終，原本共有四萬人的羅馬軍中，有三萬人死傷或成了俘虜，指揮官隆古斯與一萬殘兵勉強逃離險境。據說，當時羅馬士兵的屍體，甚至多到堵塞了特雷比亞河的水流，其慘狀可想而知。

註解

❶ **努米底亞騎兵**：由與迦太基鄰接的努米底亞人，組成的精強騎兵部隊。因漢尼拔的姐姐莎蘭波，嫁給努米底亞的酋長納爾．哈布斯，故編組於漢尼拔之下。其軍隊時常發揮出強大的機動攻擊力，是坎尼決戰的主要角色。

擊半濟的特雷比亞河之戰

迦太基軍隊

A. 作戰計劃完美
B. 準備萬無一失
- 預埋伏兵
- 士兵狀態良好

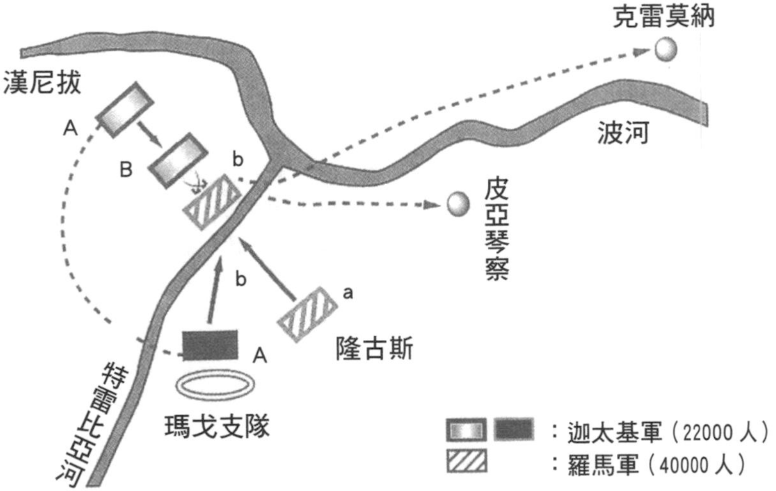

羅馬軍

a. 作戰計劃現場決定
b. 完全無準備
- 剛起床
- 沒有吃早飯
- 無防寒對策

二、地有絕澗，必亟去之

凡地有絕澗、天井、天牢、天羅、天陷、天隙，必亟去之，勿近也。吾遠之，敵近之；吾迎之，敵背之。

遇到難以行動的地形時，必須迅速撤離

一般而言，有如下六種險境：

一、「絕澗」：被絕壁所夾的山谷。

二、「天井」：四面有山的高聳窪地。

三、「天牢」：三面被圍住的死路。

四、「天羅」：草木叢生無法動彈之處。

五、「天陷」：天然陷阱般的沼澤泥潭。

六、「天隙」：山洞似的細長窄道。

如果遇到上述的險峻難行之地，自己一方應迅速撤離，並設法陷敵方於其中。當敵人陷入這種險地無法動彈之時，再乘機攻擊並將其擊敗，這就是孫子的教導。

孫子守則

地有絕澗，必亟去之

→ 必須迅速離開不利的地形

運用絕境的方法

- 絕澗——溪谷
- 天井——窪地
- 天牢——死路
- 天羅——森林
- 天陷——泥沼
- 天隙——峽道

↓

① 己方遠離陷敵於險地

↓

② 把敵人趕入己方攻擊

↓

勝利

漢泥拔的傑作行動——特拉西美諾湖戰役，便是完全按照孫子這一教導進行，從而取得巨大勝利的實例之一。

陷入險地而大敗的羅馬軍

在提基努斯河會戰和特雷比亞河戰役中大勝羅馬軍的漢尼拔，率領全軍南下，準備攻打首都羅馬。這時，羅馬軍對形勢的判斷是，先前的提基努斯之敗，是不知對手的實力；特雷比亞一仗，則是中了敵人的計謀。因此，並不能就此認為羅馬軍已失敗。原本的迦太基軍就只是烏合之眾，在從前的戰役中，他們屢戰屢敗，況且，如今漢尼拔全軍只剩下兩萬五千人，常苦於兵力的補充和軍需供給的籌措，如同殘敗之兵。只要傾羅馬帝國全力從正面進攻，一定不會輸給漢尼拔的。

於是，羅馬分別交給克內斯．塞維利奧斯，和卡奧斯．弗拉米尼奧斯兩位執行官各四個軍團，共計八萬人兵力，令他們迎擊南下的漢尼拔軍。

然而，漢尼拔將計就計，出人意料的強行突破人跡罕見的西恩納，成功擺脫羅馬軍，一路南下，直奔羅馬。羅馬軍的弗拉米尼奧斯和塞維利奧斯，見漢尼拔竟然搶先，便依次向漢尼拔追去。漢尼拔知道羅馬軍追擊在後，便決定先擊敗其中的弗拉米尼奧斯軍，他將戰場選在臺伯河上游的特拉西美諾湖東岸。這個地方在亞平寧山山麓，靠近突出湖面的一帶，其中只有一條南北相通的狹長道路。這正是比孫子所說的「絕澗」，更加險峻的絕境之地。漢尼拔企圖如孫子所說的那般，將羅馬軍引誘進這處險地，再一舉將其殲滅。

漢尼拔將主力軍隊埋伏在面向狹窄通道的山腹之處，將猛將馬哈巴爾所率領的強大騎兵部隊，埋伏於北面入口的山地之處，以待敵人。一般來說，在經過此番險地時，軍隊總是會先派遣偵察隊開路，然後以主力大部隊為中心，配備前衛、側衛、後衛，做好臨戰準備，此乃兵家常識。

但是，歸根究底，羅馬軍低估了漢尼拔的實力，根本沒有謹慎地看待這場戰役，而是漫不經心地進入這條狹窄之路。等到羅馬軍隊伍全部經過後，漢尼拔立刻讓埋伏於北山的騎兵部隊封住入口，同時，命令全軍進行總攻擊。

西元前二一七年四月的早上，戰場上瀰漫著濃霧，粗心大意的羅馬軍完全不知道災難即將降臨，面對從濃霧中突然出現的迦太基軍，他們束手無策。經過短暫的戰鬥後，四萬羅馬軍，包括作為指揮的執政官弗拉米尼奧斯在內，共一萬五千人戰死，兩萬人被俘虜。從南側突圍而出的五千人也很快地舉手投降，幾乎全軍覆沒。相反地，迦太基僅僅損失了五千人。

聞知軍情緊急，翻越亞平寧山趕來救援的塞維利奧斯軍，也被早已埋伏等候的馬哈巴爾兵士們阻止，並且將之擊潰。羅馬人傾全力迎擊漢尼拔的這次軍事行動，最後竟然是漢尼拔大獲全勝。在這之後，漢尼拔曾對羅馬同盟城市的俘虜們說：「我將是你們的盟友，是帶領你們逃出羅馬酷政的解放者。」並允許他們攜帶許多財物回國。但可惜的是，羅馬和同盟城市之間的關係非常牢固，漢尼拔的離間之策並沒有奏效。

儘管羅馬軍在面對漢尼拔軍的三場戰役中，無一次勝利，共計損失兵力十一萬人。但是，他們又繼續以堅忍不拔的精神，著手組建軍隊，再次編組了新編的四個軍團、同盟軍四個軍團，共計八萬人的新軍。之後，義大利半島又經歷了以漢尼拔的機動戰，對抗費邊虛實的拖敵戰略。最後，迎來了不朽的坎尼決戰。

利用地形的特拉西美諾湖戰役

漢尼拔的南下（西元前 218 年）

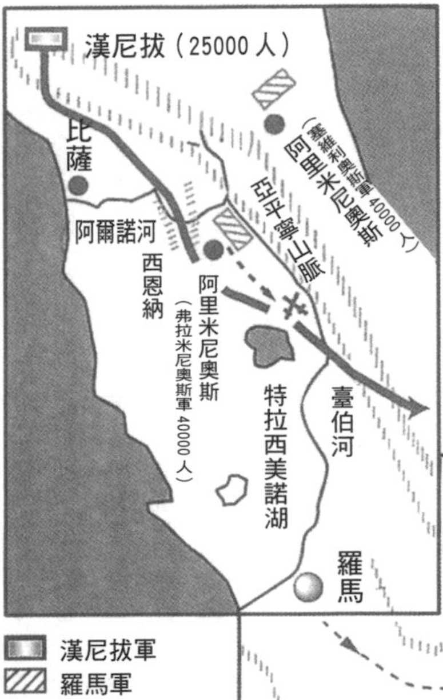

特拉西美諾湖之戰
（西元前 217 年）

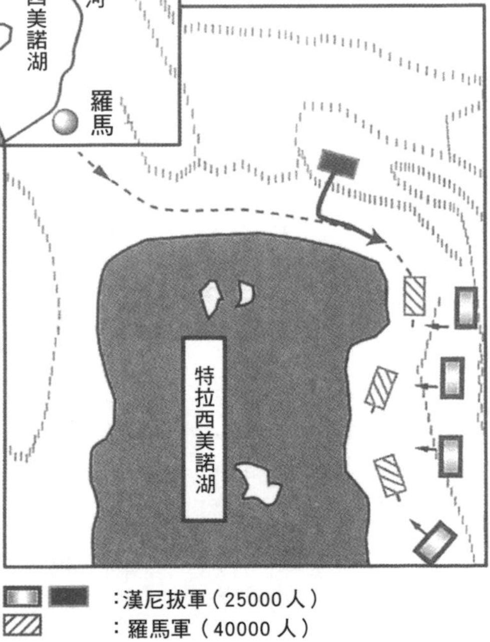

三、兵非貴益多

兵非貴益多，惟無武進，足以併力料敵取人而已。夫惟無慮而易敵者，必擒于人。

孫子觀點——兵力多並不一定是有利的條件

在戰爭中，兵力多，未必就是決定性的勝利因素。只有靠充分瞭解敵情，將自己的兵力集中並有效使用，才能戰勝敵人，而不是盲目地猛進。與此相反，不對事物做深入思考，輕率地看輕敵方的力量，是註定會失敗的。

也就是說，孫子的教導是，即使與敵人相比，兵力相對比較稀少，還是可以靠著集中人力和兵力取勝。在戰爭史上就有一個很有說服力的實例，那就是歷史上著名的「坎尼決戰」❶。

以小吞大的坎尼決戰

越過阿爾卑斯山而闖入義大利的迦太基將領漢尼拔，打敗了各地的羅馬軍，逐漸逼

孫子守則

兵非貴益多

兵力眾多並非取勝的唯一要件

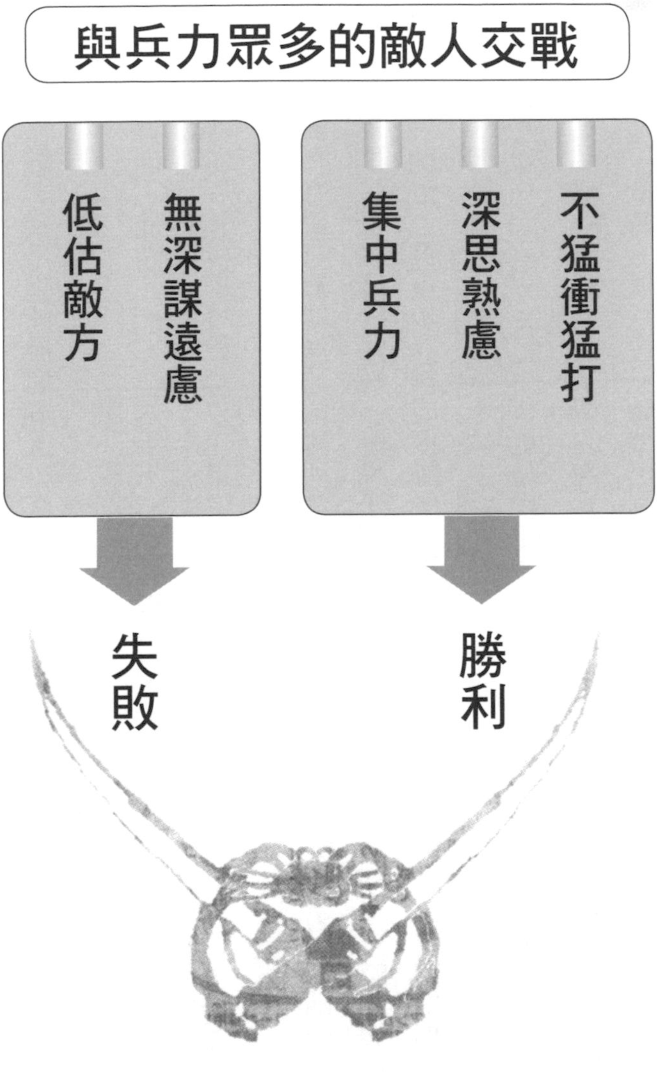

近羅馬。羅馬統帥、獨裁官克因斯・費邊避開了與漢尼拔的正面決戰，一心採取遊擊戰術，靜待漢尼拔軍的戰鬥力被消耗殆盡。然而，富有尚武傳統的羅馬人，不認同費邊這種表面消極的作戰方式，因此撤換費邊，交給新繼任的瓦羅和保盧期兩位執行官九萬大軍，令他們迎擊漢尼拔。

而漢尼拔方面，於西元前二一六年，佔領羅馬人在南義大利的重要軍需補基地坎尼後，便養足了精神。同年八月二日，被譽為軍事史上最偉大戰役之一的「坎尼決戰」，拉開了序幕。

當天，指揮官瓦羅打算與漢尼拔拼死決戰，一決雌雄。他以一萬輕步兵作前衛，其後七萬重步兵展開三列橫隊，兩翼各配備了三千及四千騎兵，與迦太基軍對峙。與之相對抗的漢尼拔，則以三萬重步兵排成橫隊，右翼佈下兩千努米底亞騎兵，左翼則佈下八千高盧人騎兵，等待羅馬軍的進攻。

決戰開始之後，漢尼拔故意將中央的步兵向後撤退。羅馬軍眼見有機可乘，便不顧陣列地追殺過來，衝向已經是凹字型的迦太基軍中，變成擁擠且無法動彈的密集隊形，衝進敵方的陣地。此時，漢尼拔見時機已到，便命令所有步兵一齊反攻，同時令兩翼騎兵奔向羅馬軍背後。驚人的大屠殺接踵而來，九萬羅馬兵士中，有八萬人倒下，而迦太基軍僅有五千餘人戰死，迦太基軍大勝。

這場以小吃大、兩翼包抄的不朽戰役，作為全殲戰的範例，被後世的戰略家所繼承。其中活用了這項戰術的是在第二次世界大戰期間，東部戰線的德國國防軍。

當時，德軍只以二、三個步兵軍抵擋敵軍的攻勢，而其兩翼的裝甲軍❷則迂迴到敵人側方，從背後進行攻擊。原封不動地靠著坎尼決戰的兩翼包抄作戰陣式，大勝蘇軍。儘管身在不同時空，但戰略與戰術的基本規律並沒有發生變化，我們也可以把這種以小克大的「坎尼決戰」經驗，套用到現今的企業戰爭中，加以研究。

註解

❶ **坎尼決戰：**以小吞大的典型軍事行動，成為日後包圍戰、全殲戰的典範。效法此決戰的有在第一次世界大戰中，德國興登堡（西元一八四七年－西元一九三四年）、魯登道夫（西元一八六五年－西元一九三七年）聯合包圍，並擊潰俄軍的著名坦能堡戰役（Tannenberg，第一次世界大戰初，德俄兩國在此發生激戰，德國勝利）。

❷ **裝甲軍：**由德國裝甲部隊之父格第利安所提倡，希特勒所採用的德國陸軍獨特編組。以多個裝甲軍團為中心，由機械化步兵軍團、炮兵部隊、補給部隊組合成的戰略機動部隊。以其高度的機動力、強大的攻擊力，在蘇德戰爭中成為主力。

以小吞大的坎尼決戰

戰爭開始

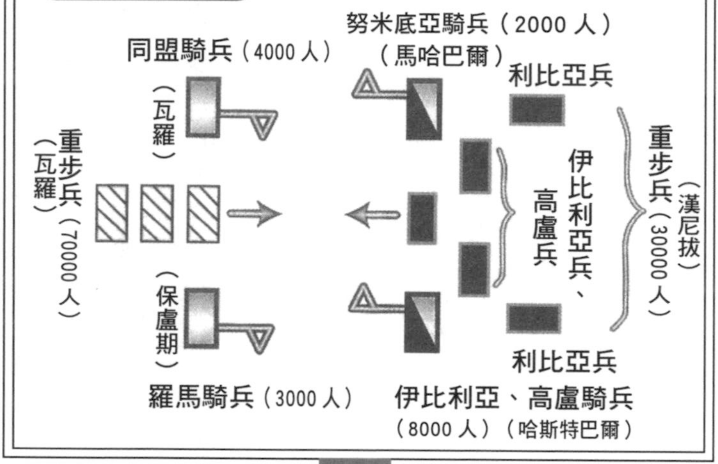

戰爭末期

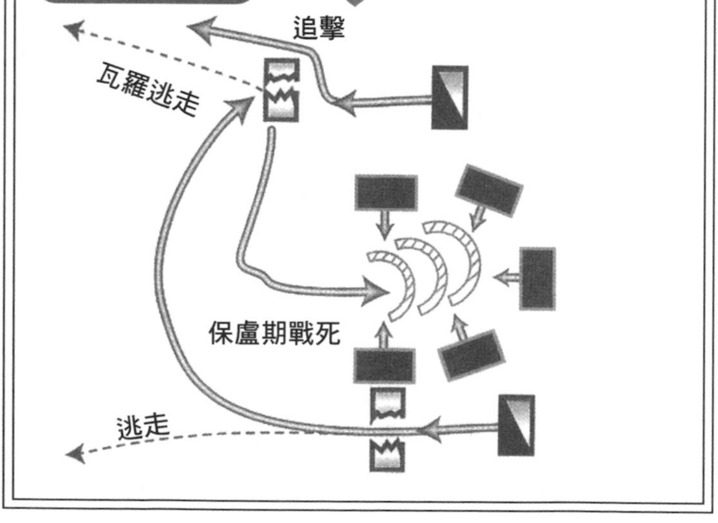

用間篇

一、成功出于眾者，先知也

故明君賢將，所以動而勝人，成功出于眾者，先知也。先知者，不可取于鬼神，不可象于事，不可驗于度，必取于人，知敵之情者也。

孫子觀點

預先掌握敵人的狀況才能獲得勝利

將本節所述綜合起來，就是說聰明的君王、傑出的將軍之所以能戰勝敵人、取得勝利，完全在於率先掌握敵方的狀況。而瞭解敵人狀況的手段，當然不是靠求神拜佛，也不是靠天象、氣象，更不是靠過去的事例和教訓。

那究竟是靠什麼呢？答案就是靠「人」。也就是說，唯有靠特殊的間諜，才能精準地瞭解敵人狀況。本節所講述的，正是有關如何尋找並使用優秀的間諜。以下，列舉一個以日本為活動舞臺的優秀間諜，他藉自己的長才改變世界歷史的典型事例。

孫子守則

成功出于眾者，先知也

➔ 預先掌握敵情便會成功

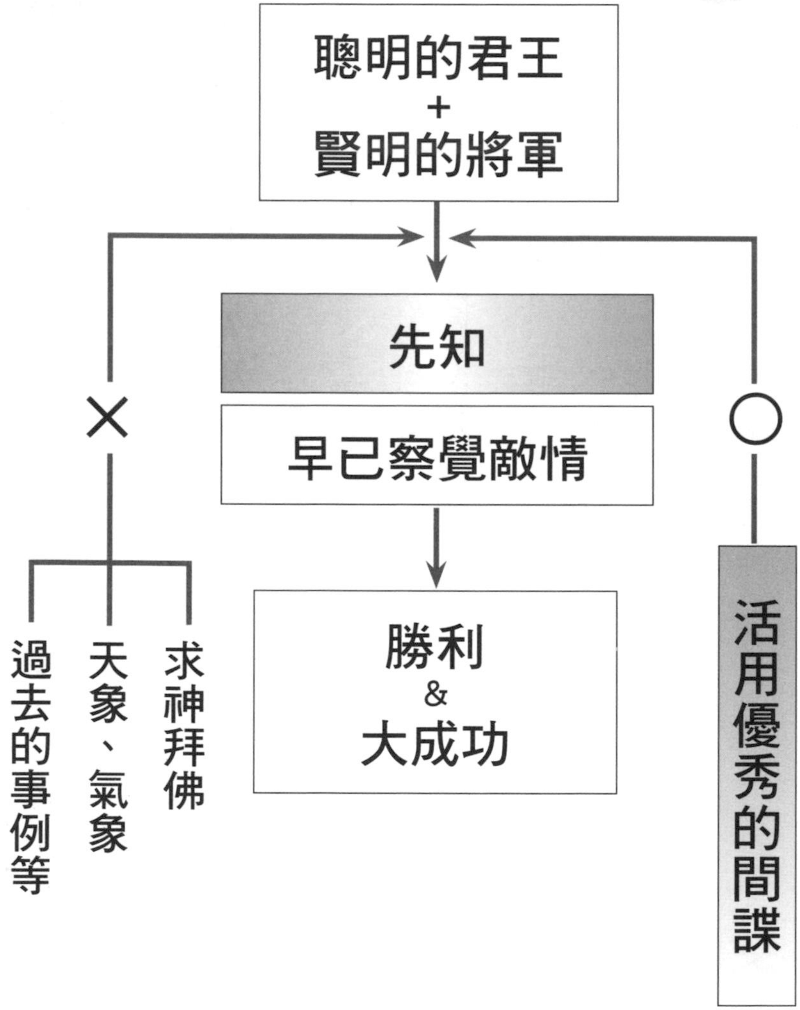

導致日本毀滅的佐爾格事件

在太平洋戰爭開戰前夕，發生了轟動全日本的「佐爾格❶事件」。

西元一九三三年，德國人理查·佐爾格以特派報導員身份來到日本。由於他豐富的知識和教養，並對日本的政治、經濟、風俗等有深刻的見地，很快就受到德國駐日大使的信賴，成為其經濟顧問。但是，佐爾格其實是蘇聯情報機關領導下的間諜，他是為了向蘇聯提供駐守在遠東蘇聯接壤的滿洲日軍相關動態情報，而潛入日本。

佐爾格透過德國駐日大使的介紹，接近當時的首相近衛文麿，成為他身旁的朋友。這個藤原貴族的名門中的名門、近衛家的公子，因唯有他與天皇家族最為親近，所以在時局多難之際，人們對他寄予了極大的期望，由他組織第二次內閣。

而且，近衛首相是位進步主義者，十分敬佩年輕時期，作為社會學者的河上肇博士，為了聽他的講課，甚至不惜到東京大學上課。因此，在其左右的智囊團中，有不少以侯爵西園寺公一❷、朝日新聞記者尾崎秀實為代表的共產主義者。

從結果來看，他們很有可能對近衛的政策產生巨大的影響。佐爾格也藉此在近衛首相的身邊，取得極其重要的情報，並且不斷地送到蘇聯。

太平洋戰爭爆發前夕的一九四一年，蘇聯與日本、德國之間有《德蘇互不侵犯條約》❸、「德日義三國同盟」以及《日蘇中立條約》❹等三個條約，三國處於「不穩定的穩定狀態」。

然而，到了六月，德國卻突然進攻蘇聯，導致德蘇開戰。絲毫沒有任何準備的蘇聯，在從三方面入侵而來的德軍面前，全面潰敗。此時，蘇聯最擔心的就是，日本趁機破壞《日蘇中立條約》而參戰，趁火打劫。

另一方面，對日本來說，除了有中日戰爭這個燙手山芋還沒有解決之外，還有被禁止從美國進口石油等戰略物資的問題，因此正在積極尋找其他出路。為此，日本打算向東南亞方面發展。但是，一旦南進，必定會和美國發生戰爭。

此時，在統帥部中，反對南進策略的唯有外相松岡洋右❺一個人。他指出南進的危險性，並主張進攻目前處於困境的蘇聯，實施北進策略。

在當時的情況之下，如果日本北進的話，蘇聯將面臨非常大的危機。因此，佐爾格、尾崎、西園寺等人，都堅決說服近衛首相認清南進的有利之處。七月二日，御前會議終於制定了，大意為「不參與對蘇戰爭，進行包括進駐南部法印（越南南部）在內的對美武力戰」的帝國國策綱要❻。

「你上當了吧！」佐爾格等人的內心大概正這樣想吧！

日本「不參與對蘇戰爭」的決定，馬上由佐爾格報告給莫斯科的最高領導者。史達林興奮地幾乎要跳了起來。他將駐守在西伯利亞，最精銳的三十四個師團，共計大約一百個遠東師團，轉移到歐洲戰場。蘇聯依靠這些增援部隊，還有疏散到烏拉爾以東的工廠所生產的武器，以及來自美國的大量援助物資，恢復了戰鬥力，阻止德軍的進攻，開始絕地反攻。

真不愧是孫子所說的「成功出于眾者，先知也」，佐爾格在這場戰役中，發揮了極其優秀的作用。但在不久之後，佐爾格的間諜活動暴露了。十月十五日，尾崎秀實被補，次日佐爾格被補，且有共達三十五人被檢舉。

註解

❶ **佐爾格：**前蘇聯情報員，德俄混血，二十世紀最著名的蘇聯間諜，化名為「拉姆齊」。西元一八九五年生於巴庫，在德國長大，西元一九二五年入蘇聯國藉。西元一九四一年十月被補，西元一九四四年十月七日死於絞刑。

❷ **西園寺公一：**西元一九〇六年生，西元一九三〇年於牛津大學畢業，西元一九三四年任外務省顧問，後任近衛第二、三屆內閣顧問。戰後，為中日文化交流協會常任理事、中日友好協會顧問。

❸ **德蘇互不侵犯條約：**西元一九三九年，第二次世界大戰爆發前，蘇聯與納粹德國在莫斯科所秘密簽訂的互不侵犯條約，目標是初步建立蘇德在擴張時的友誼與共識，最後導致波蘭被瓜分。

❹ **日蘇中立條約：**指蘇聯與日本於第二次世界大戰期間，為了互相保證戰事維持中立，而於西元一九四一年四月十三日所簽訂的條約。條約共有四款，主要內容包括日、蘇雙方保持和平友好關係，相互尊重對方領土之完整，不予侵犯。總體來說，條約在形式上，避免讓蘇軍和日軍發生直接軍事對壘。對蘇聯來說，避免了在東西兩面同時受到軸心國可能對其展開的軍事進攻；而對日本來說，則讓蘇聯減緩了自西元一九三七年以來，對中國抗日戰爭所提供的巨額軍事援助。

❺ **松岡洋右：**第一、第二次近衛內閣的外相。為對抗美國，與德國、義大利、蘇聯締結「德日義三國同盟」、《日蘇中立條約》。昭和十六年，因擔心日美開戰，反對作為「國論」的南進論，強硬主張針對蘇聯的北進論，因此與近衛首相發生矛盾而被撤換。

❻ **帝國國策綱要：**又稱「國策基準」，是日本帝國試圖稱霸亞洲和太平洋地區的綱領性文件。明治政權成立之初，明治天皇就確立了「欲開拓萬里波濤，佈國威於四方」的對外擴張思想。日本帝國的對外擴張，以陸軍的「北進」還有海軍的「南進」為主，也就是大陸擴張和海洋擴張。

挽救蘇聯的間諜佐爾格

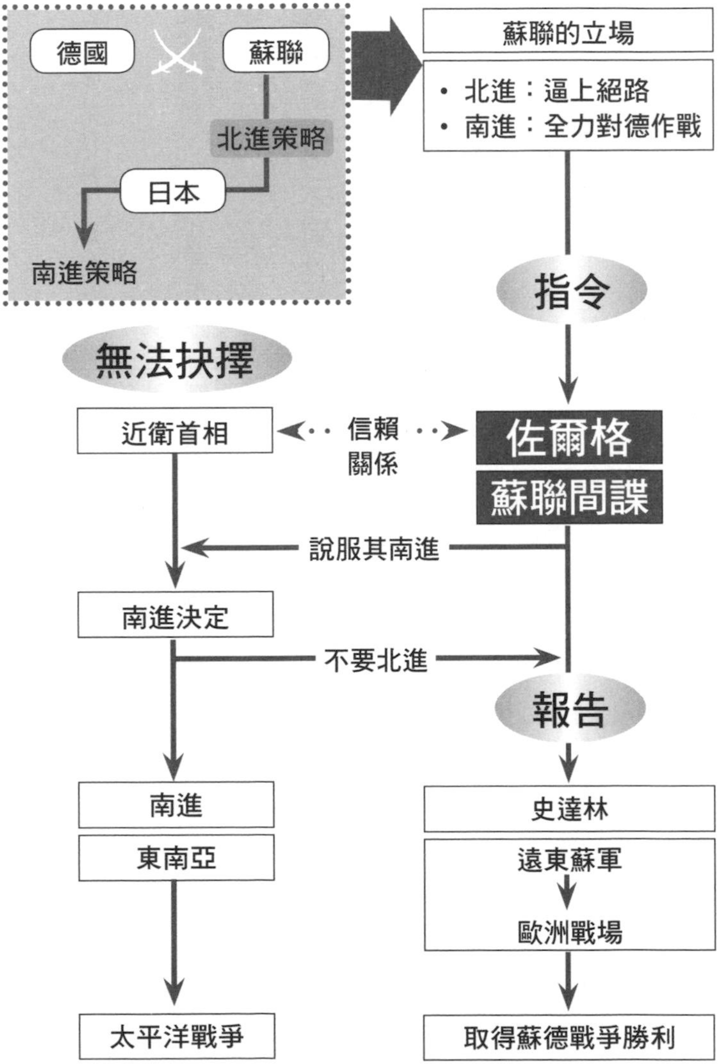

德國
蘇聯
北進策略
日本
南進策略
蘇聯的立場
• 北進：逼上絕路
• 南進：全力對德作戰
指令
無法抉擇
近衛首相
信賴關係
佐爾格
蘇聯間諜
說服其南進
南進決定
不要北進
報告
南進
東南亞
史達林
遠東蘇軍
歐洲戰場
太平洋戰爭
取得蘇德戰爭勝利

二、故三軍之事，親莫親于間

故三軍之事，親莫親于間，賞莫厚于間，事莫密于間。非聖智不能用間，非仁義不能使間，非微妙不能得間之實。微哉，微哉，無所不用間也。

孫子觀點

在全軍中，間諜應與將領最為親密

間諜的重要性不可估量

間諜這個職務是非常重要的，在軍隊中，應該比任何人都有資格得到信任和優厚的待遇，而且應該被保密。更重要的是，如果沒有慎重地思考分析，就不能隨意使用間諜；如果沒有情感和仁義，就不能隨意使用間諜；如果沒有無微不至的關懷，就得不到間諜搜集而來的情報。

本節孫子所講述的是，使用間諜時，需要細心的關懷，以及在戰爭中利用間諜的重要性和困難之處。

孫子守則

故三軍之事，親莫親于間

→ 間諜與將軍的關係必須最為緊密

必須非常重視間諜的使用方式

- 最親密
- 待遇最優
- 最機密

在使用時

- 思考分析
- 情義、仁德
- 關照、關懷

無微不至的照顧

有效地活用

輕視間諜的日本海軍領導者

當柏林戰役進入尾聲時，日本也在太平洋地區逐漸顯現出敗相。剛剛從駐德國大使館副武官助理，調任為駐瑞士大使館副武官的藤村義朗中校，接觸到一個屬於美國諜報機關「杜勒斯機構」的美國人。這個諜報機關的正式名稱為「戰略情報機構（OSS）」，因其局長名為艾倫・杜勒斯，所以通稱此機關為「杜勒斯構構」。在此之後，OSS則逐漸發展為今日廣為人知的中央情報局（CIA）。

當時，杜勒斯機構的主要目的是，試探日美和平協商的可能性。不過，此時的義大利已投降，日、德的命運也都早已注定，突然提出和平交涉，不免令人費解。

其實，這是美國對蘇戰略的一種變化。自蘇德戰爭開始以來，作為理想主義者，又兼是社會主義者的羅斯福總統，向蘇聯提供了很多援助，並且給予極大的讓步。例如，軍事援助、從諾曼地登陸起開闢的第二戰線、在雅爾達會議中的許多權益等等。但是，這麼做的結果如何呢？

史達林依然不顧羅斯福總統的退讓和友情，竭力擴張蘇聯自己的勢力。靠著引以為傲的軍事力量，將東歐各國從德國手中「解放」，將雅爾達會議的決定置之腦後，接二連三地在世界各地，建立起共產政權。轉眼間，世界上已有許多地方都置於蘇聯的支配之下。羅斯福總統在蘇聯這番如同背叛的打擊後，終於在西元一九四五年四月十二日苦悶而死。繼任他的是副總統杜魯門❶，一個態度強硬的反共主義者。

如果任憑史達林勢力擴展的話，不要說是東歐，就連中國、朝鮮、日本等東南亞的大半地區，都可能會面臨共產化，最後進入史達林的勢力之下。為了防止這種局面，美國便需要在蘇聯按照《雅爾達密約》❷的協定參加對日作戰以前，與日本講和，以挫一挫蘇聯的銳氣。

由於以上種種原因，與杜勒斯機構接觸的藤村中校，以親收電報的形式，將整件事的來龍去脈和美國方面的意向，報告給海軍大臣米內光政大將、軍令部總長豐田副武大將。但是，軍務局長保科少將對此發回電報，說：「這有可能是離間日本陸軍和海軍關係之策，必須慎重行事。」對日美和平協商的可能性，不予認可。又再進一步和杜勒斯機構談判的藤村，又請求道：「希望派遣有權威的大臣、大將級別的高級官員來瑞士討論。」米內光政則回電：「明白了，善處。」將這件事情推給東鄉茂德外相。也就是說，米內光政刻意迴避了責任。這次夢幻般的日美和平協商就此宣告破局，之後，美國便要求日方接受《波茨坦宣言》，接著投下兩顆原子彈。最後，日本無條件投降。

事實上，當時走投無路的日本政府，曾經重燃和平協商的想法，甚至打算透過致力於日美和平的仲介國家出面調解。日本向已經根據《雅爾達密約》，正在做對日參戰準備的蘇聯，派遣以前首相近衛為特使的出訪團。早知如此，為什麼之前不藉由杜勒斯機構，展開和平協商呢？

在本節中，孫子教導我們，由於間諜（此節中的駐瑞士大使館副武官藤村義朗）的作用極其重要，所以更要格外重視，應當給予無微不至的關懷。而完全不懂這一點的日本海軍領導者們，他們不負責任和不知輕重的作法，在上例中已充分展現。

註解

❶ **杜魯門：**繼任羅斯福而成為總統。和羅斯福不同的是，杜魯門是一個強硬的反共論者，改變了美國對蘇聯的政策。第二次世界大戰結束後，他提出反共政策，試圖以「杜魯門主義」封鎖蘇聯，隔著鐵幕與共產黨各國尖銳對立。

❷ **雅爾達密約：**在雅爾達會議中，羅斯福和史達林之間交換的祕密協定。如果蘇聯參與對日作戰，作為代價，美國將把日本的樺太、千島列島交給蘇聯，並租借旅順、大連等。蘇聯基於這個祕約，背棄《日蘇中立條約》，轉而參加對日作戰。

夢幻的日美和平協商

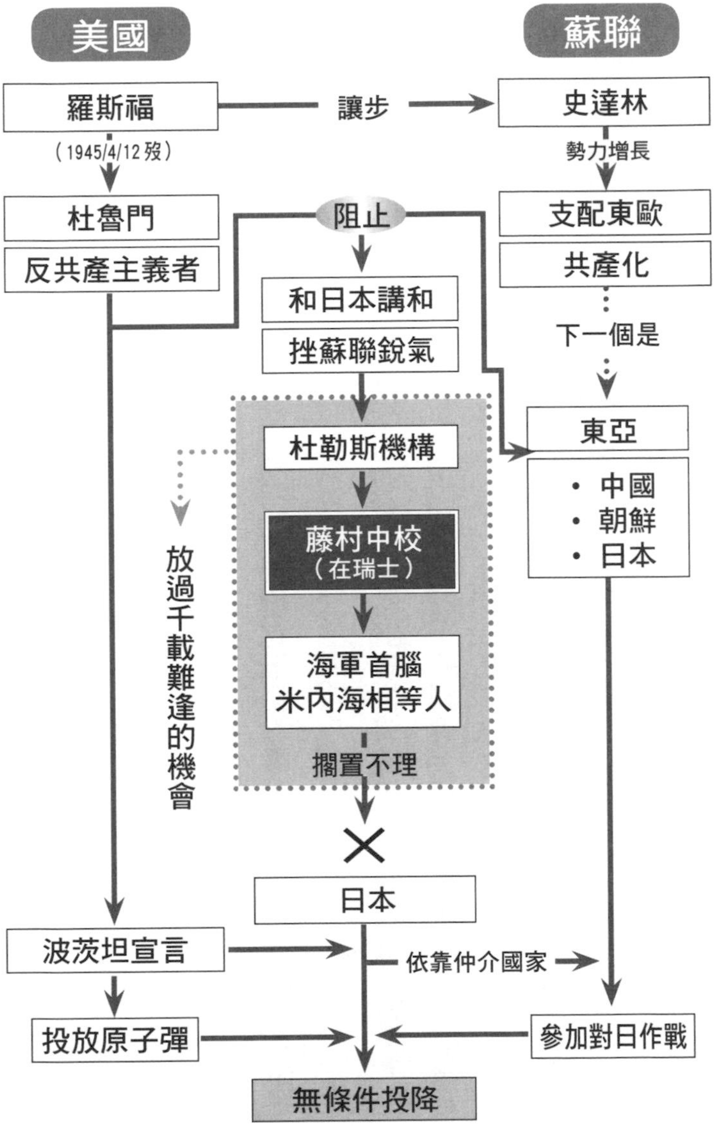
美國
蘇聯
羅斯福
讓步
史達林
（1945/4/12歿）
勢力增長
杜魯門
反共產主義者
阻止
支配東歐
共產化
和日本講和
挫蘇聯銳氣
下一個是
東亞
杜勒斯機構
• 中國
• 朝鮮
• 日本
藤村中校
（在瑞士）
放過千載難逢的機會
海軍首腦
米內海相等人
擱置不理
日本
波茨坦宣言
依靠仲介國家
投放原子彈
參加對日作戰
無條件投降

三、以上智為間者

昔殷之興也，伊摯在夏。周之興也，呂牙在殷。故明君賢將，能以上智爲間者，必成大功，此兵之要，三軍之所恃而動也。

孫子觀點

間諜必須由最具智慧者擔任

歷史上曾經有過殷推翻夏、周又推翻殷，而建立王朝的事例。當時，各自的功臣伊尹[1]、姜尚[2]都因為能善用間諜，而活躍於歷史舞臺上。

本節孫子所講述的是，必須有聰明的君王和傑出的將領，並由聰慧者擔任間諜，才能發揮最大的作用，從而取得成功。運用間諜是戰爭的關鍵，按照間諜所提供的情報，全軍才可以行動。

以下，列舉一個擁有卓越能力的將軍，利用間諜欺騙敵方的皇帝，結果改變世界歷史走向的戰例。那就是為希臘與波斯之間的長期對抗，畫上句點的薩拉米斯戰役。

孫子守則

以上智為間者

→任用間諜必須挑選優秀的智者

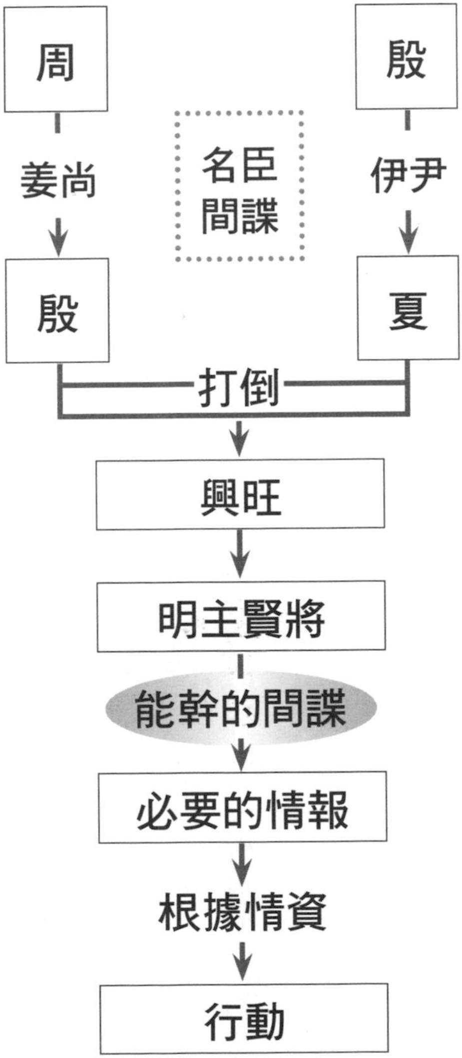

能幹的間諜造就地米斯托克利的大勝利

西元前四八〇年，在第二次波希戰爭中，希臘溫泉關❸陷落，斯巴達國王列奧尼達一世及其軍隊全軍覆沒。此時，正在希臘中部東岸埃第米希渥海峽，苦戰波斯軍的希臘海軍，得知在溫泉關的斯巴達軍覆沒的消息後，遂退守至雅典西面的薩拉米斯灣，召開作戰會議。

在會議上，海軍司令官、艦長們意見紛紜，說法不一，不停地發生爭執。面對驍勇善戰的波斯人，會議上的眾人逐漸傾向於放棄雅典的防守，向伯羅奔尼撒半島（斯巴達所在的希臘南部）撤退。唯有一個人反對這一撤退方案，此人便是雅典著名政治家地米斯托克利。

為了徹底捍衛作為希臘象徵的雅典，地米斯托克利決定在薩拉米斯與波斯人展開決戰。為此，他採取了一項破天荒的行動。他派遣一位偽裝成通敵的間諜，到波斯皇帝克賽爾克賽斯身邊，並透露消息給克賽爾克賽斯：「希臘海軍聽說溫泉關戰役打了敗仗，都喪失鬥志。如今，他們立足未穩，正打算向南方退卻。對波斯來說，現在馬上進攻在薩拉米斯集結的希臘海軍，是最佳之策。」

此時，克賽爾克賽斯正猶豫不決，究竟是要按照原計劃，將艦隊對準雅典，且配合進攻中的陸軍夾擊希臘呢？還是先收拾如同絆腳石一般的雅典海軍呢？所以，在聽到地米斯托克利派來的間諜給予情報時，克賽爾克賽斯非常高興，且對假情報深信不疑。而他最信任的女司令官阿迪米莎也堅定地進言，於是，他便下定決心進行艦隊間的決戰，並趁夜封鎖薩拉米斯港灣。

事到如今，除了決戰已別無選擇的希臘海軍，只能傾其全力進行攻擊，決定雙方命運的薩拉米斯戰役就此展開。

希臘海軍以兩百五十艘戰船，對抗波斯的七百八十艘戰船，處於不及對方半數的劣勢。然而，他們十分勇敢，心中燃燒著保衛國家的信念和鬥志，再加上出色的駕艦技術，使他們在這場戰鬥中，始終壓制著由多民族組成、缺乏統御力的波斯海軍。薩拉米斯戰役最終以希臘方面大勝，而告結束。據說，希臘只損失了四十艘戰船，而波斯則損失多達三百艘戰船，和五萬人的兵力。

站在附近山頂觀看此次海戰的波斯皇帝，看到與預期完全相反的結果，竟然是己方艦隊敗陣。他擔心退路被切斷，將善後之事託付給馬德尼奧斯將軍後，便落荒而逃。

第二年，西元前四七九年，在希臘中部的布賴塔，由斯巴達的帕薩尼阿斯率領的十萬希臘軍，將馬德尼奧斯指揮的三十萬波斯大軍打得一敗塗地。終於，歷經三次的波希戰爭宣告結束，希臘也從波斯人長期的威脅下，獲得自由。

另一方面，波斯皇帝克賽爾克賽斯原本征服希臘的大業，在離成功只差一步之遙的最後一刻，功敗垂成，被地米斯托克利所騙，使他感到後悔莫及。因此，克賽爾克賽斯決心要報仇，他拿出大筆賞金，懸賞地米斯托克利的人頭。

而在這場反波斯戰中的勝利功臣地米斯托克利，雖然作為雅典的領導人，獨自支撐著雅典的政治。但在不久之後，他就成為雅典特有的「眾愚政治」❹的犧牲品，遭到驅逐，飄泊各地。

無處可去的地米斯托克利，為自己撰擇的亡命地點，竟然就是重金懸賞他的波斯帝國。不過，波斯皇帝克賽爾克賽斯十分有度量。據說，他非常讚賞讓自己吃了苦頭的地米斯托克利，也因為他自己獻上了波斯正重金懸拿的頭顱，所以，波斯皇帝便給了他一大筆賞金，還讓他作為自己的親信加以重用。

註解

❶ **伊尹：** 殷的宰相，是助湯王討伐夏桀的功臣。出生於有莘國空桑澗，本是有莘氏的陪嫁奴隸，至商湯擔任廚師。但是，因其具有遠大抱負，不甘作奴隸，於是利用向商湯進食品的機會，向他分

析天下形勢。商湯對他讚許有加，便取消了伊尹的奴隸身份，並提拔他為「阿衡」（亦稱「保衡」，相當於宰相）。後來，伊尹輔佐商湯滅夏，建立商朝。

❷ **姜尚：**姓姜，氏呂，名尚，字子牙。另有說名望，字尚父。通稱「姜子牙」、「姜太公」、「太公望」。曾在渭水垂釣，被周文王所識，輔佐文王建立周朝。

❸ **溫泉關：**或音譯德摩比利，意為「熱的入口」、「熾熱的門」，希臘的一個狹窄沿海通道中，可以渡河的關口，名字源自於此處有數個天然溫泉。溫泉關戰役是第二次波希戰爭中的一次著名戰役，希臘的斯巴達國王列奧尼達一世率領三百名斯巴達精銳戰士，與部分其他希臘城邦聯軍，於溫泉關抵抗波斯帝國，成功拖延波斯軍隊進攻，爭取到雅典及其他城邦準備戰役的寶貴時間，為之後希臘的勝利立下大功。但最後因寡不敵眾，三百名斯巴達戰士及志願軍全部陣亡，列奧尼達一世也英勇殉國。

❹ **眾愚政治：**或稱暴民政治。是由群眾主導，或透過統治者的威嚇，所形成的政治體制。此詞具貶義，是蔑稱無論任何事，都必須實行多數表決的民主主義，大多用來批評多數主義。「眾愚政治」與「多數人暴政」類似，但並不相同，前者中的群眾並不一定是「多數人」。

地米斯托克利的苦肉計

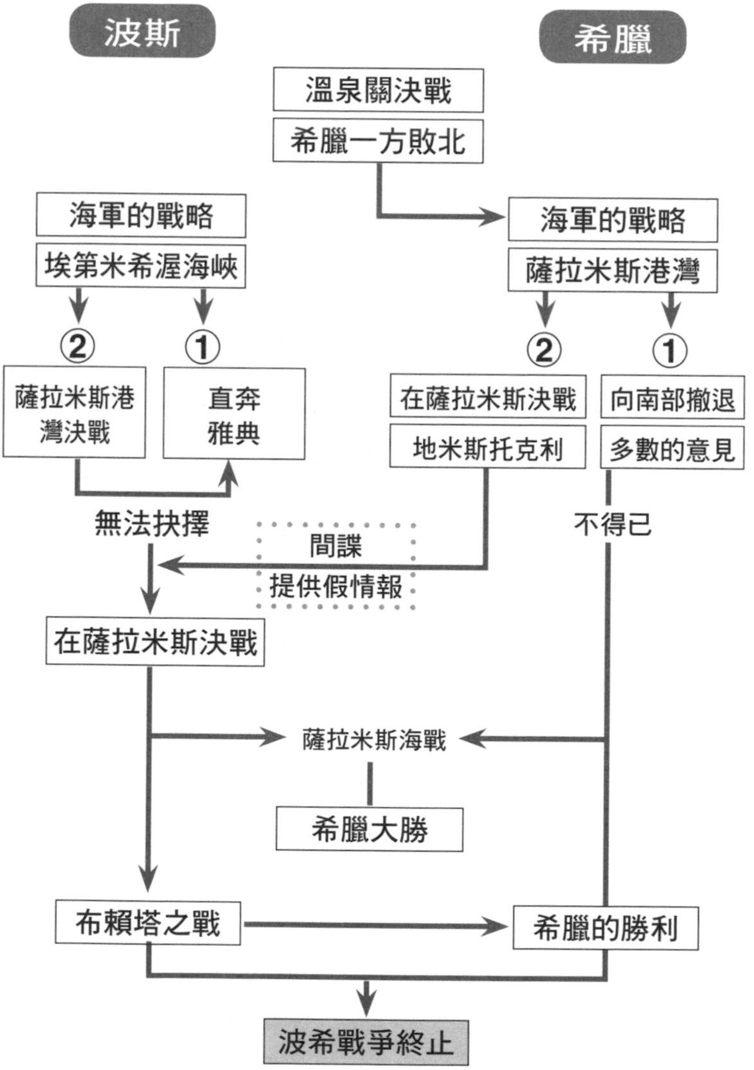
波斯
希臘
溫泉關決戰
希臘一方敗北
海軍的戰略
埃第米希渥海峽
②
①
薩拉米斯港灣決戰
直奔雅典
無法抉擇
海軍的戰略
薩拉米斯港灣
②
①
在薩拉米斯決戰
地米斯托克利
向南部撤退
多數的意見
不得已
間諜
提供假情報
在薩拉米斯決戰
薩拉米斯海戰
希臘大勝
布賴塔之戰
希臘的勝利
波希戰爭終止

第四章

統帥的能力

● 地形篇　● 九地篇

地形篇

一、將不能料敵

故兵有走者、有弛者、有陷者、有崩者、有亂者、有北者。凡此六者，非天地之災，將之過也。夫勢均，以一擊十，曰走……將不能料敵，以少合眾，以弱擊強，兵無選鋒，曰北。凡此六者，敗之道也。將之至任，不可不察也。

孫子觀點

沒有率先瞭解敵情的將軍，就是無能的將軍

這一節詳細講述在軍隊中，若出現士兵逃亡、軍規鬆弛、士氣低下、戰力崩潰等情況，都應該是將領的責任。現在，讓我們就孫子所說，最重要的部分「將，不能料敵……曰北」，來研究一個戰例。也就是完全不知敵情，以訓練遠遠不足的部隊去挑戰超出自己數倍以上的大敵，最終失敗的戰例。

孫子守則

將不能料敵

無法料知敵情的將領，沒有資格勝任領導者

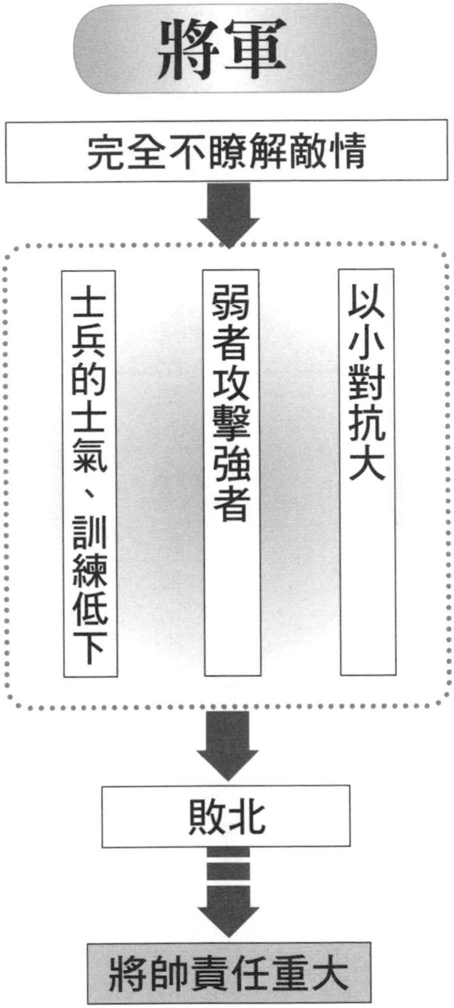

小澤中將自以為是的外線戰法

這場戰役就是航母機動部隊的世紀決戰——馬里亞納海戰。關於這次海戰的概況，正如我們在「致人，而不致于人」一節中所述，日軍小澤❶中將率領的第一機動艦隊，與美軍米查中將指揮的第五十八機動部隊，雙方的兵力比為：

一、航空母艦日本九艘，美國十五艘。

二、艦載飛機日本四百七十三架，美國九百五十六架。

日本的艦艇和飛機都是拼湊出來的，這一點無可否認。而美軍都是統一的高規格產品，且美軍的飛行員訓練與日本相比，可以說是天壤之別，美軍本來就佔了明顯的優勢，總體實力在一比三以上。

然而，在這種劣勢面前，小澤中將卻沾沾自喜，充滿自信。他著眼於美軍艦載飛機的戰鬥飛行半徑為二百五十海浬，而己方則達到四百海浬以上。因此，他制定了一個自以為是的單方面戰術，令日軍艦載機從敵方可以到達的距離以外起飛，再將美軍擊敗，就是著名的「（遠距離）外線戰法」。但是，這種以自己的軍隊為主，只顧己方的戰術，是否有達到效果呢？答案是否定的。

在短短兩天的戰鬥中，小澤中將損失了，包括新式航母「大鳳號」在內的三艘航空母艦、四百架艦載飛機，日軍只好選擇撤退。其中最大的敗因就是，美國海軍的艦隊防空能力進步飛快，但小澤中將卻對此毫無所知。

航空母艦滿載著飛機及其燃料、魚雷、炸彈等，物品堆積如山，本來就非常脆弱，且易受攻擊。只要遭到一發炸彈攻擊，便足以造成毀滅性的慘狀，這在中途島海戰中就已被證實。但是，小澤中將並沒有記取曾經的教訓。

另一方面，日本航母機動部隊的艦隊防空能力，本就令人不敢恭維。不具備有效雷達、無線電話的日本海軍，無法進行母艦與護衛機配合的防空戰，而圍繞在航母四周的少數警戒艦，也幾乎沒有防空能力。最重要的是，日本海軍驅逐艦的主炮——十二點七釐米炮，只能用於平射，根本不能對空射擊。這些如同謊言一般的事實，都令人不敢置信這就是日軍的防空能力。

小澤中將認為美軍方面的防空能力，就和日本海軍原始且幼稚的防空能力一樣。基於這番錯誤的認識，他想出了前面所提到的「外線戰法」。而等待著日本航母機動部隊的是，美軍超乎想像的防空網。

首先，日本攻擊隊早就被美國前衛艦——雷達哨戒艦上性能優秀的雷達發現了。收到雷達情報的美國防空值日艦，再使用優秀的雷達和無線電話，為護衛戰鬥機導航。此種戰鬥機就是著名的「零戰機❷剋星」——快速、重武裝、重裝甲的F6F式「黑寡婦戰鬥機」❸。當時，有大半的日本飛機就是被此種戰鬥機擊落。

好不容易穿越「黑寡婦」機群網的日本飛機，面臨的則是更加嚴峻的挑戰，像倒轉向上的暴風雨一般，美軍令機動部隊發射對空炮火。每個機動隊（Task Group）都以四艘航母為中心，並由戰艦、巡洋艦、驅逐艦圍成雙重環形陣火力圈，向空中射擊五英寸對空炮、四十毫米和二十毫米機槍的彈幕，阻止日本飛機靠近。尤其是運用雷達自動瞄準的MK37射擊指揮器（Gun Firecontrol System），它所控制的五點八英寸口徑兩用炮的命中率，據說達到百分之三十至百分之五十。而據記錄記載，日本海軍的同等對空炮，九四式高射炮的命中率，僅有百分之〇．三。

在美軍系統化的艦隊防空面前，小澤中將使盡渾身解數所設計的「外線戰法」，脆弱地不堪一擊。一般認為，馬里亞納海戰的敗因是飛行員的訓練不足。但是，正如前面詳述的，最大的敗因其實應該歸結為小澤中將對美軍艦隊防空能力的水準毫不瞭解，又將「外線戰法」這種自以為是的戰術，強加給技術不成熟的飛行員。這是「不能料敵」的小澤中將之敗。

註解

❶ **小澤中將：**小澤治三郎，宮崎縣人，大日本帝國海軍中將，日本海軍第一機動艦隊司令。統帥艦隊參與馬里亞納海戰，也是最後一任聯合艦隊司令長官。

❷ **零戰機：**零式艦上戰鬥機，通稱「零戰」。以其輕量、重武裝（裝有世界首次使用的二十毫米機槍）、長遠的續航力等卓越性能著稱，在大戰初期，勝過同盟軍的戰鬥機。但大戰後半期，被格拉曼F6F「黑寡婦」型、北美P-51「野馬」型等新式戰鬥機所擊敗。

❸ **黑寡婦戰鬥機：**是美國對所截獲的零戰機進行研究後，作為零戰剋星而完成，由格拉曼公司製造的艦上戰鬥機。有快速、重武裝的特點，且有堅固的防彈裝置，採用「打一槍就跑」的戰法，結束零戰機引以為豪的時代。是美國高速航母機動部隊的主力戰機。

不瞭解敵情的馬里亞納海戰

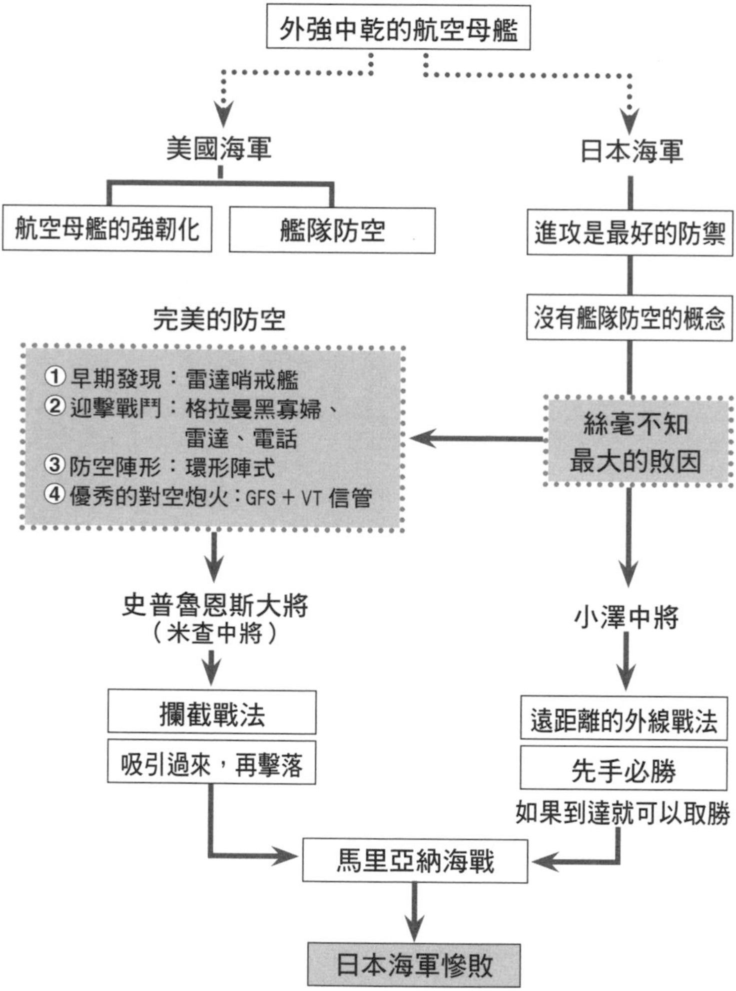

外強中乾的航空母艦
美國海軍
日本海軍
航空母艦的強韌化
艦隊防空
進攻是最好的防禦
沒有艦隊防空的概念
完美的防空
① 早期發現：雷達哨戒艦
② 迎擊戰鬥：格拉曼黑寡婦、雷達、電話
③ 防空陣形：環形陣式
④ 優秀的對空炮火：GFS + VT 信管
絲毫不知
最大的敗因
史普魯恩斯大將
（米查中將）
小澤中將
攔截戰法
吸引過來，再擊落
遠距離的外線戰法
先手必勝
如果到達就可以取勝
馬里亞納海戰
日本海軍慘敗

二、地形者，兵之助也

夫地形者，兵之助也。料敵制勝，計險厄遠近，上將之道也。知此而用戰者，必勝；不知此而用戰者，必敗。故戰道必勝，主曰無戰，必戰可也；戰道不勝，主曰必戰，無戰可也。故進不求名，退不避罪，唯民是保，而利合于主，國之寶也。

孫子觀點——巧妙利用地形，將會是戰爭中的一大助力

在本節中，孫子著重強調了兩點。一個是在戰爭中地形的重要性，即如何活用好地形，就是雙方勝敗的分水嶺；另一個則是，作為將帥應根據這一原則靈活處理，在斷定必能獲勝時，就算君王命令「勿戰」，也堅持要戰。相反的，如果認為無法獲勝時，就算君王命令「可戰」，也堅持不戰。在順利獲勝後，謙虛地不求功；戰敗不利時，也不推卸責任，一心只為整體利益而採取行動。

歷史上就有一個因忽視孫子的以上兩點教誨，而產生悲劇性結果的戰役。那就是，被認為是德軍在第二次世界大戰中最大的悲劇——史達林格勒戰役。

孫子守則

地形者，兵之助也

在戰爭中，可以用地形一決勝負

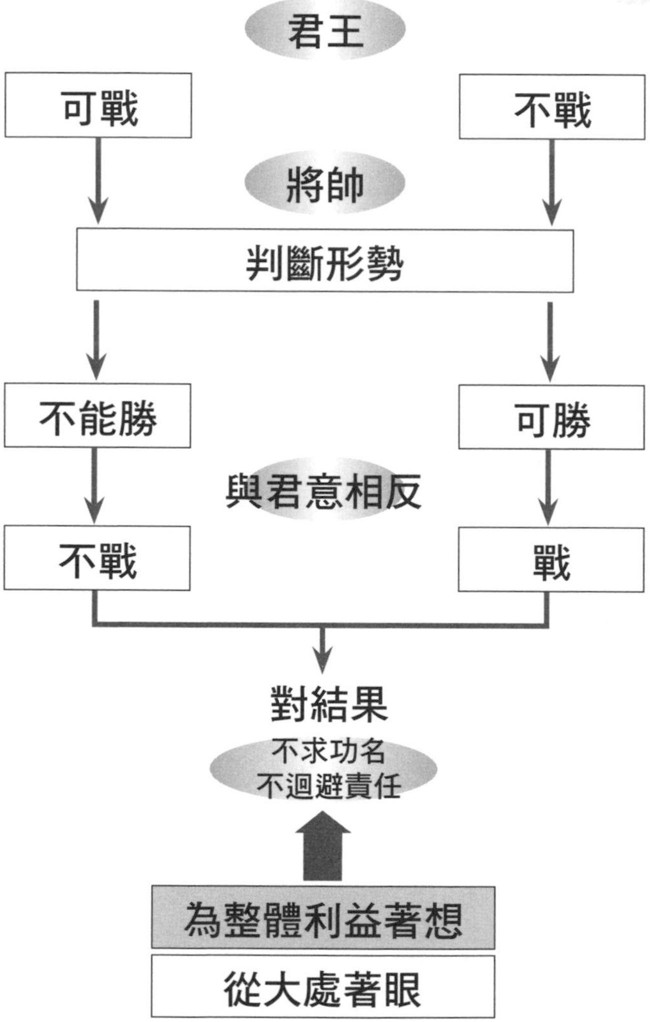

德軍本可以避免悲劇的發生

西元一九四二年六月，德國總理希特勒決定進行一場期盼已久的入侵高加索軍事行動，其目標是德軍垂涎已久的巴庫油田。他撤換南方軍團司令官馮．波克元帥，因為馮．波克認為擴大戰線十分危險，所以反對此次的軍事行動。

希特勒遂將該軍團一分為二，一部分組成入侵高加索的A集團軍，另一部分組成在其側後進行護衛的B集團軍。而對於準備入侵高加索的德軍來說，最大的絆腳石就是窩瓦河中部流域的史達林格勒市。而後，希特勒便犯下了在南方戰區，同時對高加索和史達林格勒正面作戰的錯誤。

在B集團軍第四裝甲軍和第六軍的猛攻之下，眼看著史達林格勒市即將陷落。此時的希特勒斷定勝利在握，因此，便撤出第四裝甲軍，派其前往高加索支援作戰。聽到這個消息後，蘇聯軍眼見機會來了，隨即重振士氣，將德軍保羅斯❶上將率領的第六軍，拖進巷戰的泥沼之中，展開大反攻。機敏的史達林認為機不可失，決定把這次戰役作為東部戰線的轉捩點，給予將軍朱可夫眾多兵力，令他對德軍展開攻勢。

腹背受敵且反被包圍的保羅斯，向希特勒提出放棄史達林格勒、第六軍撤退、重新整備的建議。然而，高估己方實力、低估蘇軍戰力的希特勒，拒絕了保羅斯的意見，並命令他頑強抵抗。

很快的，冬季到來了。由於德國方面採用的是閃電戰方針，冬季裝備不足。而且本來按照希特勒的命令，空軍總司令官戈林❷理應保證的空投補給，也因路線被切斷等原因而無法空投，導致事態急遽惡化。

這時，希特勒終於感到局勢的嚴重性，命令由名聲顯赫的馮・曼施坦因❸元帥統率頓河軍團，進行救援。曼施坦因元帥確實非常優秀，他充分地掌控事態發展後，再耐心地說服希特勒，終於使他同意讓第六軍撤退，並且發動「冬季風暴行動」的援救作戰，派出第四裝甲軍去救援第六軍。

但是，第六軍卻按兵不動。

司令官保羅斯的前職是陸軍總司令官副參謀長，他作為一位參謀將校，極有能力，但作為指揮官卻優柔寡斷。他總是徘徊於猜測希特勒的想法，和擔心戰力損失的焦慮之中，最終導致他無法做出正確的決斷。

翌年，西元一九四三年一月，眼見德軍就要因保羅斯的猶豫不決，而貽誤戰機。曼施坦因考慮到第六軍已陷入彈盡糧絕的困境，就向希特勒提出給第六軍「行動自由（投降）」的權力。對此，希特勒回電：「投降是不可能的。為了重建東部戰線，你們必須戰至最後一兵一卒，完成在史達林格勒的歷史任務！」這份著名的電報，為第六軍指明最後的出路。

一月二十九日，由於德國元帥絕不能投降，所以希特勒為逼迫保羅斯持續作戰，遂將他升為元帥。然而，次日，也就是一月三十日，這位新元帥終究還是投降了，第六軍以及第四裝甲軍的一部分，合計三十三萬五千人，其中九萬一千人被當為俘虜。最後，活著回到德國故土的，僅有五千人而已。

從這裡可以看出曼施坦因與保羅斯之間的差別。只要認為在軍事行動上是正確的，就算是對獨裁者希特勒，曼施坦因也寸步不讓地提出意見、不斷加以說服，這是曼施坦因的作法。

而保羅斯雖然斷定除了撤退以外就毫無辦法，卻因害怕希特勒而不能下定決心，這是保羅斯的作法。

如果能像孫子教誨的那般，保羅斯不聽從於希特勒恣意的作戰指揮，轉而自己承擔責任，按照自己的專業判斷，儘早撤退部隊。如此一來，德軍是不是就可以避免這場悲劇的發生呢？

註解

❶ **保羅斯：**弗里德里希·威廉·恩斯特·保羅斯，為第二次世界大戰期間，納粹德國的陸軍將領，其後更晉升為元帥。在史達林格勒戰役時，他一直服從希特勒的命令，按照他的命令調整兵力，即使後來被敵軍包圍也是如此，最後使得德軍在突擊及進攻上損失慘重。保羅斯曾一度向希特勒要求允許投降於蘇聯，以拯救麾下將士的性命。希特勒不但不應允，反而將保羅斯晉升為「德意志陸軍元帥」，因為德國史上從來沒有元帥投降，這是希特勒暗示保羅斯應戰鬥到死或自殺。但是，保羅斯選擇生存，並在西元一九四三年一月三十日向蘇軍投降。

❷ **戈林：**赫爾曼·威廉·戈林，納粹德國的政軍領袖，與希特勒的關係極為親密，在納粹黨內有相當巨大的影響力。他曾擔任過德國空軍總司令、「蓋世太保」首長、「四年計劃」負責人、國會議長、衝鋒隊總指揮、經濟部長、普魯士總理等，跨及黨政軍三部門的諸多重要職務，並曾被希特勒指定為接班人。

❸ **馮·曼施坦因：**生於東普魯士軍人貴族家庭的德國陸軍將領。富有戰略、戰術眼光，有卓越的指揮能力，溫和、冷靜透徹、公正，而且有著不懼怕希特勒的剛強之氣。德國一舉迫降法國的「西方行動計劃」，就是出於他的手筆。第二次世界大戰末期，對於德軍對抗蘇聯軍隊的大反攻，頗有戰績。

指揮不一的史達林格勒戰役

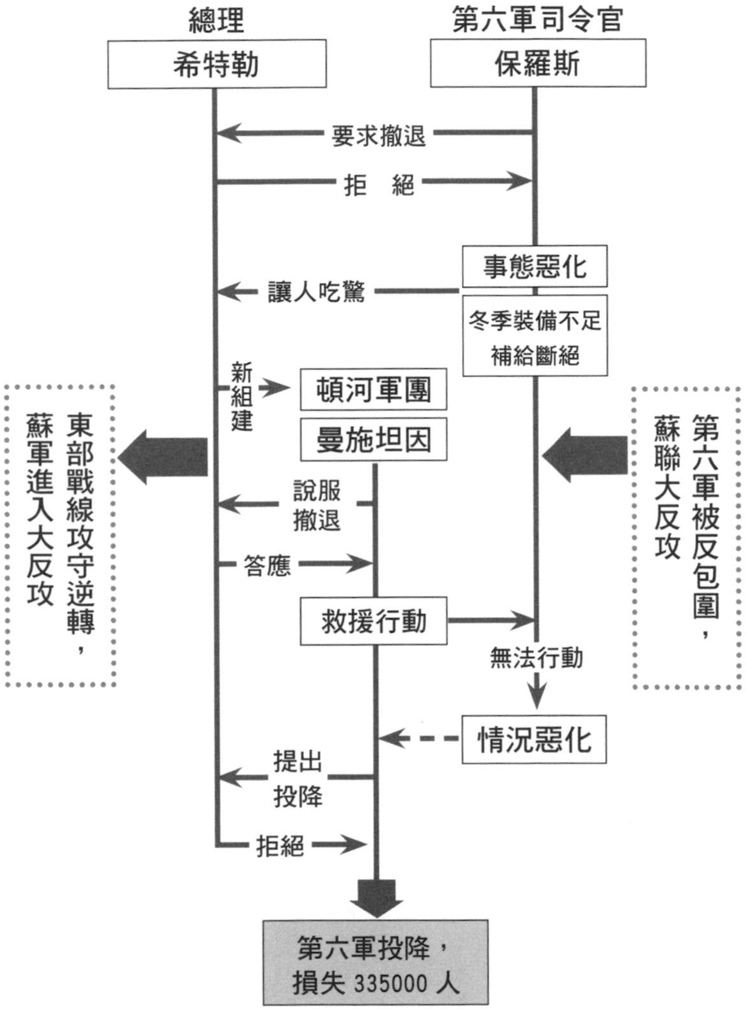

三、視卒如嬰兒

視卒如嬰兒，故可與之赴深谿；視卒如愛子，故可與之俱死。厚而不能使，愛而不能令，亂而不能治，譬若驕子，不可用也。

孫子觀點

對待士兵應像對待小嬰兒一般慈愛

本節的含義如字面表述的一樣，說的是如果對部下能像對待嬰孩一樣疼愛，那麼士兵們就願意和你一起奔赴深山荒野的險地。同時，如果對部下能像對待自己的愛子一樣憐愛，那麼士兵們就會因感激，而願意與你同生共死。

不過，如果對部下過分厚待，士兵便會心生驕怠，變得如同傲慢的孩子一般難以掌控。總之，在運用人才方面，需要做到緩急自如，不可偏愛失度。

接下來，讓我們分析一個原本相安無事的主從關係，後因嫌隙而產生悲劇的實例，那就是織田信長和明智光秀❶。

孫子守則

視卒如嬰兒

➔ 對待士兵必須如對待嬰兒般憐恤

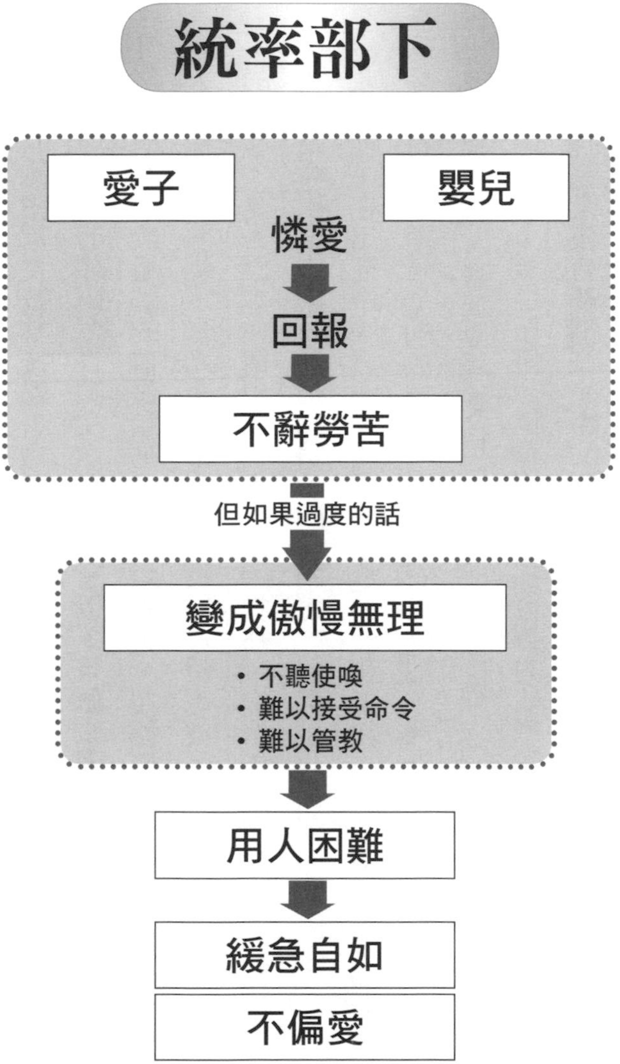

因主從關係而造成的本能寺之變

眾所皆知的本能寺之變，就是織田信長的家臣明智光秀，於京都附近的桂川叛變，討伐位於本能寺的織田信長及其後繼者織田信忠，逼使兩人先後自殺。那麼，光秀為什麼要征討有過大恩於他的織田信長呢？一般認為有以下幾個原因：

一、性格差異。由於粗鄙的信長和具有文化的光秀，在性格上有本質的差別，致使兩人關係逐漸惡化，且光秀常常受到信長的苛待。

二、失顏撤職。光秀原本在德川家負責接待的職務，突然遭到撤換，又為救援豐臣秀吉而受命出征中國（此指山陰、山陽兩道），都是有失顏面的事。

三、沒收領地。在出征中國之際，光秀的領地丹波和近江志賀郡被沒收，取而代之的是改封當時還是毛利氏領土的出雲、石見兩地，變得如同喪家之犬一般。

由於上述種種原因，致使光秀對自己的前途感到悲觀。同時，也是希望能推翻信長，而掌握天下之權——這是任何一位戰國武士都會有的夢想與野心。

事實上，信長完全沒有要消滅光秀的想法。如果有的話，信長就不會將丹波及其他領地交給光秀，讓他坐享六十四萬石，當時織田家族最高的俸祿。也不會將細川、池田、筒井等等有實力的儲候歸於光秀旗下，也不會令他出任畿內總督、山陰軍司令官等高級職務。況且，正是因為信任光秀，信長才會夜宿於光秀治安轄區的京都本能寺內，且僅有少數侍從陪同。至於改封出雲、石見兩國，也是對光秀的忠勤嘉勉，是對他進一步的獎賞。然而，光秀並沒有接受。

兩人之間的種種嫌隙，逐漸轉為嚴重的分歧，終於導致「本能寺之變」的爆發。

一直以來，疼愛家臣的光秀，特別信賴和喜愛自己的長女婿——明智秀滿。秀滿是一位富有武略且深思熟慮的人，在指揮明智軍五千人衝入本能寺之際，他曾囑咐勇士安田國繼，將割下的織田信長首級藏起來，絕不可以讓光秀看到。這是為什麼呢？

據說，當年織田信長見到被獻上來的武田勝賴首級時，壓制不住積累在心中的多年仇恨，便不停地用腳去踢那個頭顱，以致遭到世人的閒言閒語。秀滿不願自己的君主光秀重蹈覆轍，犯下過去信長曾做過的蠢事。

在光秀和豐臣秀吉展開山崎之戰時，明智秀滿正準備在近江阪本，抵抗北陸的柴田勝家。當他聽到光秀敗北的消息傳來，馬上率領手下兵士趕往京都，但途中卻被秀吉手下的堀秀政阻礙。秀滿與進犯而來的堀秀政進行了激烈的防衛戰後，秀滿將敵軍大將堀秀政喚出，要求休戰。他說：「如果讓天下名器和我玉石俱焚，化為灰燼，是世間的損失。」說完，便將包括「明王國行」寶刀在內的明智家族家寶，連同目錄冊一起交了出來，然後點火焚城，與全族人同為光秀殉死。

據說，秀吉聽聞秀滿一系列不辱明智家族名譽的事件後，連連嘆息：「可惜這樣的一位武士，太可惜了啊！如果信長公有疼愛光秀這樣家臣的決心，如果光秀有秀滿這樣忠於君王的決心，這次的悲劇大概就不會發生了。」

無論過去、現在，正確地處理好上下級的關係，都是非常重要的。上述的故事具體說明了上級要關懷下級、下級要對上級恭謙的重要事例。

註解

❶ **明智光秀：**出身美濃國的土岐一族。將流浪中的將軍足利義昭介紹給織田信長，而後成為信長的從臣。因其卓越的軍事、政治、外交能力而被重用，授以丹波、近江的一部分封地，奉祿計六十四萬石，任畿內、山陰道總督。由於性格、思想等方面的分歧，而背叛信長，最後在山崎之戰中敗死於秀吉。

信長和光秀分歧的悲劇

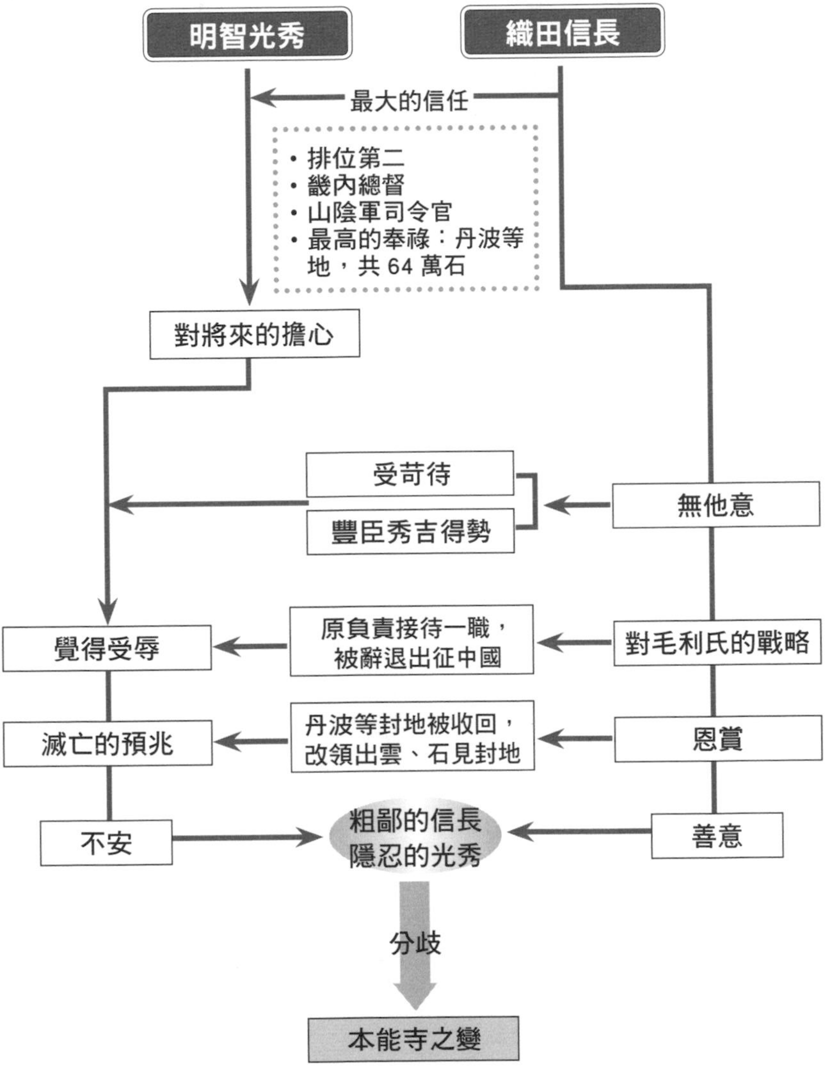
明智光秀
織田信長
最大的信任
・排位第二
・畿內總督
・山陰軍司令官
・最高的奉祿：丹波等地，共 64 萬石
對將來的擔心
受苛待
豐臣秀吉得勢
無他意
覺得受辱
原負責接待一職，被辭退出征中國
對毛利氏的戰略
滅亡的預兆
丹波等封地被收回，改領出雲、石見封地
恩賞
不安
粗鄙的信長
隱忍的光秀
善意
分歧
本能寺之變

九地篇

一、先奪其所愛

古之所謂善用兵者，能使敵人前後不相及，眾寡不相恃，貴賤不相救，上下不相收，卒離而不集，兵合而不齊。合于利而動，不合于利而止。敢問：「敵眾整而將來，待之若何？」曰：「先奪其所愛，則聽矣。兵之情主速，乘人之不及，由不虞之道，攻其所不戒也。」

率先奪取敵人最寶貴的東西

當敵方的大軍威風凜凜地殺來時，可以採取的對策就是，奪取敵人最重要、最關鍵之處。按現代觀點來說，就是採取利德爾·哈特的「間接戰略論」。

而在古代，第二次布匿戰爭中的羅馬將領大西庇阿，便選擇此種戰術。他避免與敵人正面決戰，攻擊其最關鍵之處，尤其是切斷後方支援，使其戰鬥力枯竭。

以奪其所愛而取勝的大西庇阿

入侵義大利已有八年的漢尼拔，在這期間內，完全沒有得到本國一兵一物的支援，軍隊已顯露疲態。這時，在漢尼拔軍面前，出現了一個阻擋他的強敵，那就是前述的羅馬年輕將軍大西庇阿❶。

大西庇阿是一位從幼年起，就和同名的父親一起從軍、成長的年輕將帥。他身材修長、皮膚白皙，是一位美貌的青年，且富有教養，思慮深邃，既有果斷的意志力又十分謙虛，他尤其具有軍事方面的才能，且對漢尼拔的戰略戰術有詳盡的研究。

大西庇阿認為要打敗漢尼拔的精悍軍隊，唯有切斷他的後方軍需補給線，待其戰鬥力衰竭，再一舉給予毀滅性的攻擊。因此，他堅信攻佔漢尼拔的根據地西班牙，就是討滅漢尼拔的關鍵。

當時，守衛西班牙的統帥，是漢尼拔的弟弟哈斯德魯巴❷。

西元前二一〇年，大西庇阿避開與哈斯德魯巴軍隊的正面交鋒，乘其不備，奇襲首都新迦太基市（Cartagena）。自新迦太基市建城二十年以來，該城作為西班牙首都，日漸繁榮，並成為漢尼拔的後方基地，也是漢尼拔軍與迦太基本國聯繫的中繼站。新迦太基市的淪陷，使迦太基屬伊比利半島，在一夜之間就回到了羅馬人手裡。這就是孫子所說的「愛者」被奪，對漢尼拔來說是一個致命的打擊。

而丟了城池的哈斯德魯巴，決定和率領全軍一路攻佔義大利半島的兄長漢尼拔會合，準備聯手對付羅馬軍。

西元前二〇九年秋天，哈斯德魯巴從伊比利半島出發，目標是要和翻越阿爾卑斯山，正在義大利各處打敗羅馬軍的哥哥漢尼拔會師，但是他向哥哥派去的密使，卻混入了羅馬軍的營寨中。這一致命錯誤，就此斷送了哈斯德魯巴。他在後來的梅塔沃斯河戰役中，與羅馬全軍壯烈血戰，最終戰死。

在打垮了哈斯德魯巴之後，羅馬軍便將他的頭顱扔到漢尼拔的營寨，又送去兩名俘虜，讓他們告知漢尼拔有關哈斯德魯巴戰死的詳情。對漢尼拔來說，先是根據地西班牙的陷落，之後一直以來依靠的弟弟哈斯德魯巴，又不幸戰死且全軍覆沒，再加上完全得不到迦太基本國的支援，一連串的打擊，使得原本與羅馬軍抗衡的形勢發生了逆轉。

但是，此時的羅馬，卻因國家疲憊、市民厭戰等原因，開始考慮與迦太基講和。首先反對講和的是大西庇阿，他認為：「迦太基本國完全沒有受到損傷，且漢尼拔也還在義大利南部，如果兩者合兵一處，那將會對羅馬構成巨大的威脅。因此，應當趁此勝利的餘威，討滅迦太基。」但是羅馬元老院沒有採納這個建議。

西元前二〇四年，大西庇阿憑藉孤身一人的力量，以征服迦太基為目標，組成了一支由家兵、義勇軍為核心的四萬人軍隊，直接向迦太基本國進軍。在連戰連勝後，大西庇阿將一份苛酷的講合條約，硬塞給迦太基。驚恐不已的迦太基政府，馬上十萬火急地命令漢尼拔回國。

西元前二〇三年秋天，漢尼拔離開了他在十五年間，如入無人之境般統治過的義大利。西元前二〇二年十月十六日，雙方在迦太基市南面的扎馬平原上展開了決戰，被稱為「扎馬戰役」❸。結果，早已完全摸透漢尼拔戰術的大西庇阿，大獲全勝。最諷刺的是，這次的戰鬥宛如漢尼拔大勝的坎尼決戰翻版，只是結果卻是漢尼拔一敗塗地。

大西庇阿的戰略戰術，便是將英國戰略家利德爾．哈特的理論加以實踐化的最佳典範。而將大西庇阿的間接戰略，和漢尼拔的機動戰術全都一同繼承，並能加以活用的，還有利德爾．哈特的忠實弟子——以色列軍隊。

被充滿敵意的阿拉伯各國所包圍的以色列，有著一群支撐其國防、人數不多的精銳軍隊。他們常常以其高效的機動能力，和攻擊敵方中樞的間接戰略，使阿拉伯軍不敢輕易接近，算得上是世界最精簡，且指揮最靈活的強悍軍隊。

註解

❶ **哈斯德魯巴：**又稱為哈斯德魯巴二世，迦太基將領。是哈米爾卡．巴卡的次子、漢尼拔的弟弟。西元前二一八年，漢尼拔遠征義大利之際，哈斯德魯巴被留在迦太基，經營西班牙的領土。此後的八年之間，他多次抵禦羅馬軍隊的侵犯。最後在梅塔沃斯河戰役之中，被羅馬軍團伏擊，戰敗陣亡。

❷ **大西庇阿：**西元前二三〇年－西元前一八四年，古羅馬將軍、政治家。第二次布匿戰爭中，羅馬方面的主要將領之一，以在扎馬戰役中打敗漢尼拔而著稱於世。由於西庇阿的勝利，羅馬人以絕對有利的條件結束了第二次布匿戰爭。西庇阿因此得到「征服非洲者」的稱號。

❸ **扎馬戰役：**發生於西元前二〇二年的北非札馬平原上，為第二次布匿戰爭的終戰。在這場戰役中，迦太基戰死了兩萬人，兩萬人被俘，而羅馬軍則戰死兩千餘人。戰敗後，迦太基和羅馬講和，並簽下苛酷的和約。合約條件包括，迦太基割讓所有海外領土、賠償高額金錢、繳交所有軍艦及戰象給羅馬、未經羅馬許可不得對外作戰。

大西庇阿的間接戰略

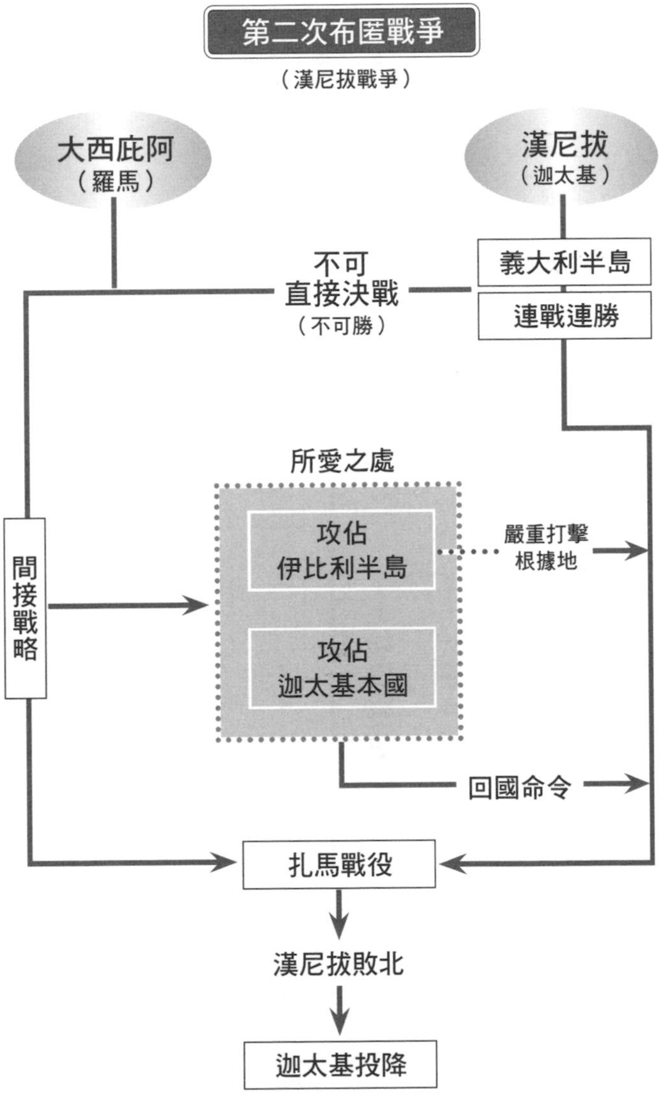
第二次布匿戰爭
（漢尼拔戰爭）
大西庇阿
（羅馬）
漢尼拔
（迦太基）
義大利半島
連戰連勝
不可
直接決戰
（不可勝）
所愛之處
間接戰略
攻佔
伊比利半島
嚴重打擊
根據地
攻佔
迦太基本國
回國命令
扎馬戰役
漢尼拔敗北
迦太基投降

戰術家利德爾·哈特的影響

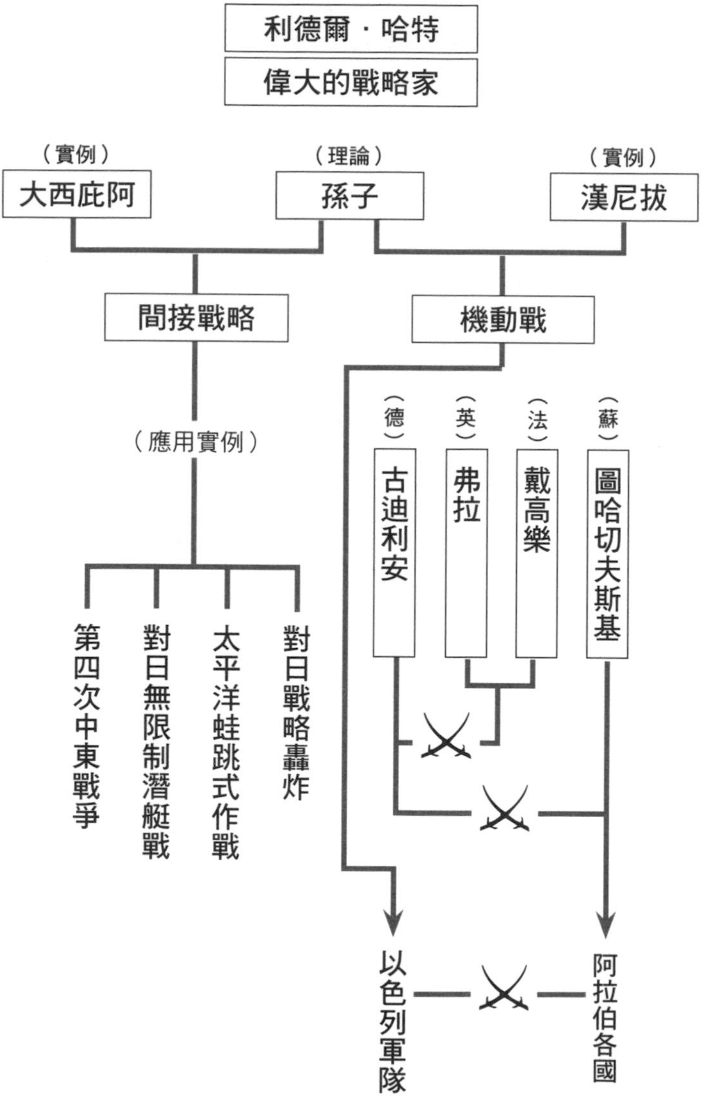

二、始如處女

夫眾陷于害，然後能爲勝敗，故爲兵之事，在于順詳敵之意，併力一向，千里殺將，是謂巧能成事。是故政舉之日，夷關折符，無通其使，厲于廊廟之上，以誅其事，敵人開闔，必亟入之。先其所愛，微與之期，賤墨隨敵，以決戰爭。是故始如處女，敵人開戶，後如脱兔，敵不及拒。

孫子觀點

作戰開始時，應擺出宛如少女般的柔弱姿態

有一句大家耳熟能詳的俗語：「靜如處子，動如脫兔。」說的是如果已察覺敵人動搖，就必須迅速地攻入敵方陣地，將敵方最緊要之處，訂為最先攻擊的目標。而後，再像少女一樣文靜地觀察，等到敵人鬆懈大意，出現空隙之時，就像逃跑的兔子一樣快速進攻，一口氣決出勝負。

符合這句名言的戰爭事例，可以列舉凱撒被暗殺後，圍繞在安東尼❶（Antonius）與屋大維❷（Octavianus）之間所展開的羅馬權力爭鬥。

孫子守則

始如處女

➔ 假裝如少女般柔弱，使對手鬆懈

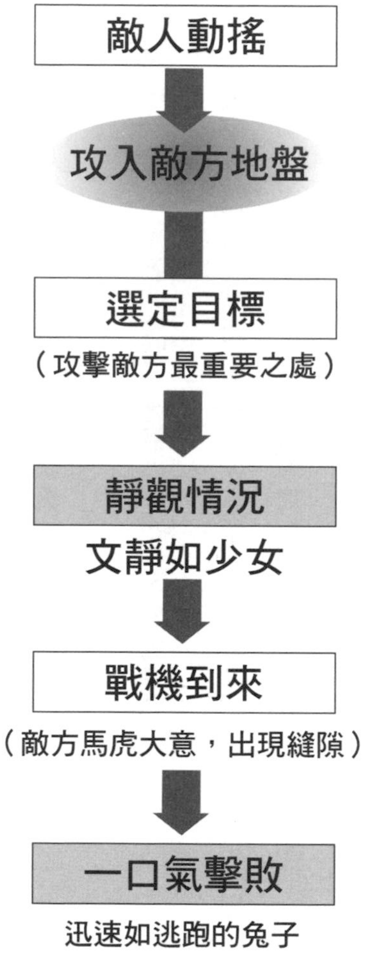

完成統一羅馬大業的奧古斯都

西元前四四年三月十五日，羅馬的終身獨裁官蓋烏斯．尤利烏斯．凱撒遭人暗殺，臨死之前，凱撒叫了一聲：「吾兒，亦有汝焉？」❸便倒了下去。

凱撒死後，羅馬由勇將安東尼和凱撒的養子屋大維共同治理。安東尼在凱撒的遺體埋葬前，發表了一場大型演說。他鼓動民眾趕走暗殺者布魯圖一派，並在兩年後的菲利普維之戰中，消滅了原本處於優勢的布魯圖。

安東尼充滿自信，認為年輕的屋大維根本不值得一提，只把他當作小孩子看待。但是，這個初看上去病弱的青年，卻是一位內心隱藏著極大野心，並有著驚人權謀數術和高明人心收買術的英雄。安東尼並沒有發現這一點，這對他而言，是悲劇的開始。

安東尼雖與屋大維共同統治羅馬市，但是，在其他地域並非如此。他把貧窮的卡利亞（現在的西歐）交給屋大維，自己卻佔據富裕的東方領土。例如，其中的埃及王國，就是向羅馬輸出包括小麥在內所有食品的富饒國家。

不僅如此，安東尼還把過去曾是凱撒情人的埃及女王——克麗歐佩特拉七世❹，據為自己的愛人。在接下來的一段時間裡，安東尼都一直待在首都亞歷山大，就是為了與克麗歐佩特拉長相廝守。屋大維雖然看到安東尼這些荒謬的行為，但他依然沒有採取任何行動，只是耐心等待時機的到來。

無論安東尼的舉動如何放蕩不羈，但他還是有著為凱撒復仇的戰績。而且，他作為將軍的聲望，還有勝過他人的豪放磊落以及明快直爽的性格，都得到元老院議員及一般民眾的支持。此時，就連屋大維也找不到可以乘虛而入的間隙。屋大維甚至將自己親愛的姐姐小屋大薇，嫁給安東尼，以取信於他。

但在背後，屋大維卻積極拉攏，包括智將阿士利伯在內的參謀人員，一點一滴地將安東尼手下的得力悍將瓦解，從而擴大自己的勢力。在這些舉動之下，依舊旁若無人、安逸享樂的安東尼，終於在某一天露出了破綻。

西元前三四年，安東尼似乎忘記自己羅馬共和國第一執政官的身分，全心全意、樂不思蜀地沉溺於和埃及女王克麗歐佩特拉的戀情之中，他背棄了美貌貞淑的小屋大薇，轉而和克麗歐佩特拉結婚。不僅如此，他還送給克麗歐佩特拉「世界女皇」的稱號，同時把廣闊的東方領土（羅馬以東，希臘、馬其頓、敘利亞、埃及、地中海諸島嶼等）也都拱手送給她。

安東尼所做的這一切，都使得從前支持他的元老議員和將領們，感到十分失望，他們放棄了安東尼，轉而支持屋大維。而後，元老院正式宣佈安東尼、克麗歐佩特拉夫妻是「羅馬的公敵」。如此一來，便形成雙雄爭奪羅馬霸權的局面。

西元前三一年九月，雙方爆發阿克提烏姆海戰。兩人各自出動了五百艘戰船，形成一片混戰。但是，在激戰之中，克麗歐佩特拉指揮的埃及艦隊卻突然逃離戰場，頭腦發昏的安東尼不但沒有立即安定軍心，反而丟下部眾向她追去，結果吃下敗仗。

對於這場鬧劇，大文豪莎士比亞評論：「全世界最聰明的英雄，會為了女人變成全世界最傻的傻瓜。」

而後，屋大維向亞歷山大市發起如狂潮般的猛攻，安東尼自殺身亡，而克麗歐佩特拉在引誘屋大維失敗後，也隨即自盡。之後，屋大維順利統一羅馬，成為羅馬第一代皇帝——奧古斯都，在他穩健的統治下，建立起「羅馬和平」❺的穩定時代。

註解

❶ **安東尼**：西元前八二年—西元前三〇年，古羅馬政治家、將領，凱撒最重要的軍隊指揮官，和管理人員之一。凱撒被刺後，他與屋大維和雷必達組成了「後三頭同盟」。西元前三十三年，「後三頭同盟」分裂。西元前三十年，安東尼與埃及女王克麗歐佩特拉七世，先後自殺身亡。

❷ **屋大維**：西元前六三—西元一四年，古羅馬第一位皇帝，歷史學家通常以他的頭銜「奧古斯都」（神聖、至尊之意）稱呼他。他是凱撒的甥孫和養子，亦被正式指定為凱撒的繼承人，一般認為

屋大維是最偉大的羅馬皇帝之一。他結束了羅馬長達一個世紀的內戰，使羅馬帝國進入一段和平、繁榮的輝煌時期，史稱「羅馬和平」。

❸ **吾兒，亦有汝焉：**是一句拉丁語名言。後世普遍認為是凱撒臨死前，對刺殺自己的養子布魯圖說的最後一句話。凱撒是羅馬共和國的將軍、執政官、獨裁官，戰功顯赫，後期走向獨裁。羅馬元老院對其日益膨脹的權力感到不滿，於是決定謀殺凱撒，凱撒的助手、摯友、養子布魯圖也參與其中。此句話被後世廣泛運用在西方文學作品中，代表背叛最親近的人。

❹ **克麗歐佩特拉七世：**又稱埃及艷后、埃及妖后，古埃及托勒密王朝末代女王。以其美貌、才智攏絡並毀滅了凱撒、安東尼兩位羅馬重要人物。

❺ **羅馬和平：**又稱為羅馬治世。指羅馬帝國存在的五百多年間，前二百年較興盛的時期。西元前三〇年，屋大維消滅埃及托勒密王朝，結束羅馬內戰，一般將這一年，視為羅馬和平時期的開始。西元一六一年，五賢帝中的最後一個——馬爾庫斯・奧列里烏斯即位，不久之後，帕提亞入侵亞美尼亞，緊接著又發生瘟疫，他本人更在征伐日耳曼的途中病逝，帝國就此由盛轉衰。從屋大維統一羅馬，至馬爾庫斯・奧列里烏斯逝世，在這段長達兩百年左右的時間裡，羅馬大致富強穩定，因此史稱「羅馬和平」。

安東尼和屋大維的政權分析

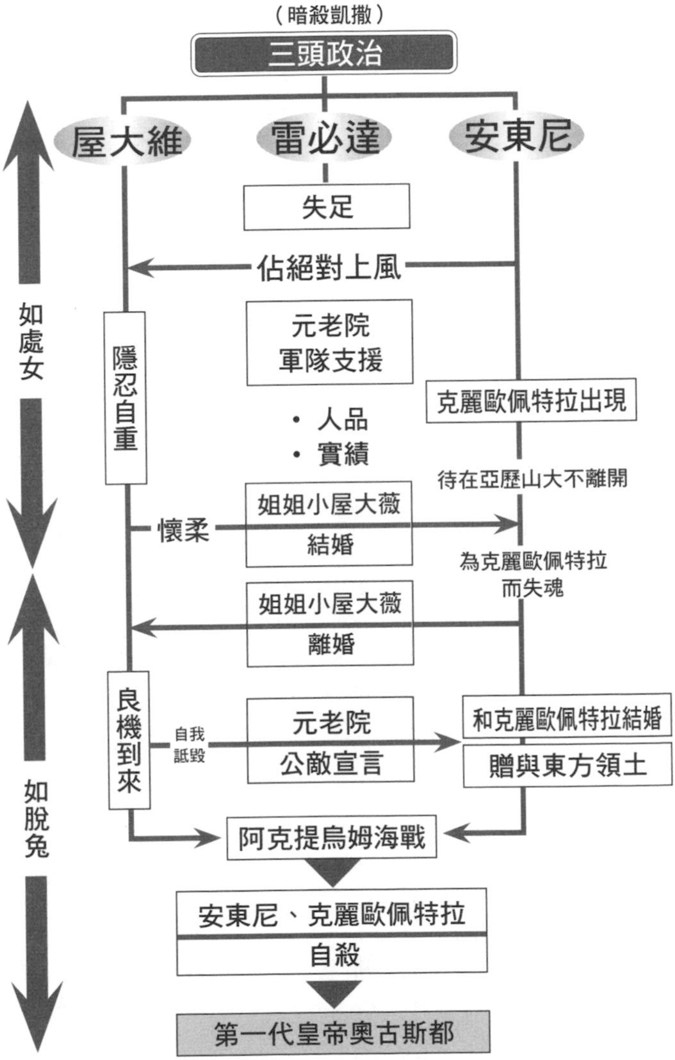
（暗殺凱撒）
三頭政治
屋大維
雷必達
安東尼
失足
佔絕對上風
元老院
軍隊支援
隱忍自重
克麗歐佩特拉出現
・人品
・實績
待在亞歷山大不離開
姐姐小屋大薇
結婚
懷柔
為克麗歐佩特拉
而失魂
姐姐小屋大薇
離婚
良機到來
自我
詆毀
元老院
公敵宣言
和克麗歐佩特拉結婚
贈與東方領土
阿克提烏姆海戰
安東尼、克麗歐佩特拉
自殺
第一代皇帝奧古斯都
如處女
如脫兔

三、陷之死地然後生

是故不爭天下之交，不養天下之權，信己之私，威加于敵，故其城可拔，其國可墮。施無法之賞，懸無政之令，犯三軍之眾，若使一人。犯之以事，勿告以言；犯之以利，勿告以害；投之亡地然後存，陷之死地然後生。夫眾陷于害，然後能爲勝敗。

孫子觀點

陷入絕境之後，便會發現出路

本節一言以蔽之，強調如果把統率的軍隊，置於一籌莫展的困境之中，那麼士兵們就會為了脫離險境，死裡逃生，不顧一切地拚死而戰，取得勝利。在這種事例中，最有名的就是漢朝名將韓信的「背水之戰」。而在日本，也有在織田信長與毛利輝元的山陰爭奪戰中，吉川元春❶在伯耆馬野山擺下的背水之陣。

用背水之陣，不戰而趕走豐臣秀吉軍

天正九年（西元一五八一年）十月，因被豐臣秀吉所實行的劫糧戰術所困，鳥取城

孫子守則

陷之死地然後生

➔ 正因陷入絕境，才能下定決心拚死到底

部隊運用的奧祕

超於常規的恩賞
（給糖）
＋
不講規定的禁令
（鞭打）

↓

大部隊一絲不亂

↓

只在 { 交付任務 / 處於不利情況時 }

↓

陷於一籌莫展的處境

↓

士兵竭盡全力

↓

勝利

終於淪陷了。前往求援的毛利氏山陰總督吉川元春，與剛入伯耆城，就聽到鳥取淪陷而感到慶幸的豐臣秀吉大軍，形成對峙之勢。

元春佈陣於馬野山，而秀吉的軍陣則佈在遠處的御冠山。元春的陣營後方西側，是橋津川河水，北面是日本海，南面是東鄉池的湖水，正是孫子所說的「死地」。而且，元春還下令將架在橋津川上的橋拆掉，又將用來渡河的數百條船拉到岸上，再砍斷櫓和棹，形成字面上所說的「背水之陣」。

此時，豐臣秀吉營中的長者，蜂須賀正勝❷向秀吉建議：「敵方人力雖少，但士氣高昂。如無必勝把握，不如先行退軍。」秀吉採納了這個意見。次日早晨，豐臣秀吉軍罷兵撤陣，靜靜地離去了。吉川元春的長子吉川元長❸見敵軍退去，便打算率全軍乘勝追擊，但卻被元春制止，目送著秀吉大軍撤退。

此後，元春的背水之陣很快就在日本傳開了。

據說，在後來的日本，不僅是打仗，就連打賭之類的事，在決一勝負時，也會用「吉川拆橋，豁出去拚了」這樣的諺語來形容。

註解

❶ **吉川元春：**毛利元就的次子。兄長隆元早亡後，與弟弟小早川隆景輔佐兄長之子輝元，抵抗織田信長的強大攻勢，始終守護著毛利家族。性情剛烈，長於武略。作為主將，負責保衛山陰道，和小早川隆景被並列為毛利氏的兩大支柱。

❷ **蜂須賀正勝：**日本戰國時代至安土桃山時代武將，豐臣氏家臣，父親是蜂須賀正利。通稱小六和小六郎，後來改名為彥右衛門。與豐臣秀吉的相遇有諸種說法，特別是與還是浪人的秀吉，在矢矧川的橋上相遇的逸話相當知名。

❸ **吉川元長：**日本戰國時代至安土桃山時代的武將，毛利氏家臣，父親是吉川元春。永祿八年，在月山富田城之戰中，與從兄弟毛利輝元一同初陣。此後亦跟隨父親吉川元春，在山陰各地，持續與尼子氏殘軍戰鬥。天正元年，征伐在因幡國擴張勢力的尼子殘軍，不過尼子軍不斷再起。天正六年，在上月城之戰中，令尼子勝久和山中幸盛等人自殺或處刑，成功斷絕禍根。天正九年，前往救援被織田秀吉圍困、吉川經家堅守的鳥取城，不過因為兵力差距而沒有出戰。但是，後來在未等到元春率領的本隊到達下，鳥取城降伏，吉川經家自殺。

吉川元春的背水之陣

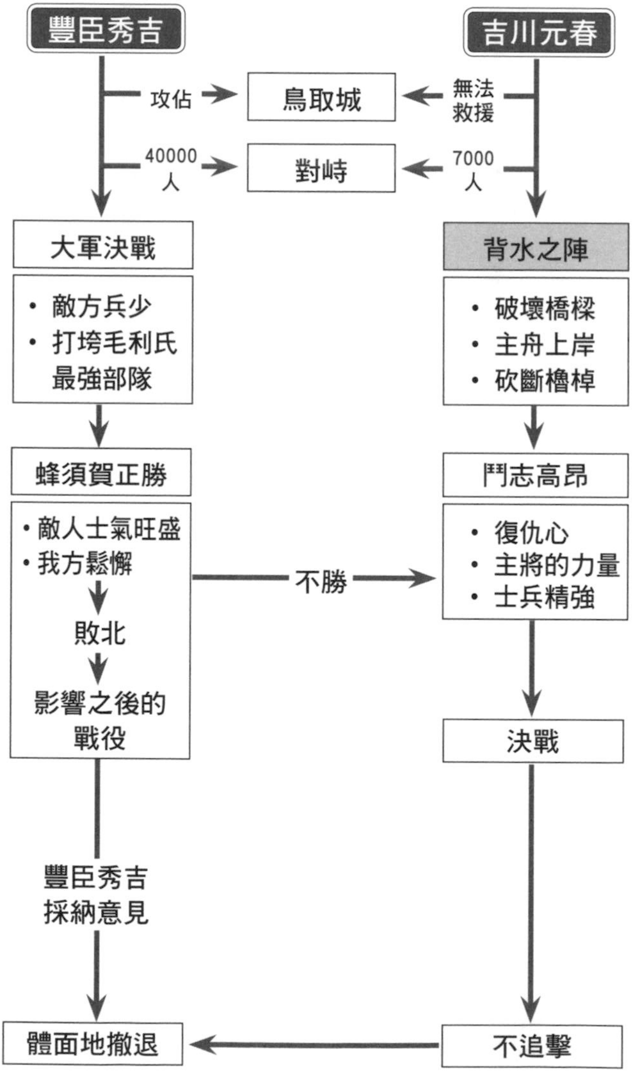
豐臣秀吉
吉川元春
攻佔
鳥取城
無法救援
40000人
對峙
7000人
大軍決戰
・敵方兵少
・打垮毛利氏最強部隊
蜂須賀正勝
・敵人士氣旺盛
・我方鬆懈
敗北
影響之後的戰役
豐臣秀吉採納意見
體面地撤退
背水之陣
・破壞橋樑
・主舟上岸
・砍斷櫓棹
鬥志高昂
・復仇心
・主將的力量
・士兵精強
不勝
決戰
不追擊

國家圖書館出版品預行編目資料

圖解孫子兵法 / 是本信義原著 ; 王擎天編著 . --初版. --新北市 : 典藏閣，采舍國際有限公司發行, 2018.03 面 ; 公分 · -- (智略人生 ; 24)

ISBN 978-986-271-811-7 （平裝）

1.孫子兵法 2.研究考訂 3.謀略

592.092 107000417

典藏閣

圖解孫子兵法

出版者 ◤ 典藏閣
編著 ◤ 王擎天　　作者 ◤ 是本信義
總編輯 ◤ 歐綾纖　　出版總監 ◤ 王擎天
文字編輯 ◤ 范心瑜　　美術設計 ◤ 蔡瑪麗

郵撥帳號 ◤ 50017206 采舍國際有限公司（郵撥購買，請另付一成郵資）
台灣出版中心 ◤ 新北市中和區中山路2段366巷10號10樓
電話 ◤（02）2248-7896　　傳真 ◤（02）2248-7758
ISBN ◤ 978-986-271-811-7
出版年度 ◤ 2018年3月初版

全球華文市場總代理/采舍國際
地址 ◤ 新北市中和區中山路2段366巷10號3樓
電話 ◤（02）8245-8786　　傳真 ◤（02）8245-8718

全系列書系特約展示
新絲路網路書店
地址 ◤ 新北市中和區中山路2段366巷10號10樓
電話 ◤（02）8245-9896
網址 ◤ www.silkbook.com

線上pbook&ebook總代理：全球華文聯合出版平台
地址：新北市中和區中山路2段366巷10號10樓
主題討論區：www.silkbook.com/bookclub/ ● 新絲路讀書會
紙本書平台：www. book4u.com.tw ● 華文網網路書店
電子書下載：www.book4u.com.tw ● 電子書中心（Acrobat Reader）

本書採減碳印製流程並使用優質中性紙（Acid & Alkali Free）通過綠色印刷認證，最符環保要求。